贵州省竹亚科植物资源

U0250774

李 应◎著

中国农业科学技术出版社

图书在版编目（CIP）数据

贵州省竹亚科植物资源／李应著．--北京：中国农业科学
技术出版社，2021.5

ISBN 978-7-5116-5284-3

Ⅰ.①贵…　Ⅱ.①李…　Ⅲ.①竹亚科-植物资源-概况-贵州
Ⅳ.①Q949.71

中国版本图书馆 CIP 数据核字（2021）第 069231 号

责任编辑　崔改泵　周丽丽
责任校对　马广洋
责任印制　姜义伟　王思文

出 版 者　中国农业科学技术出版社
　　　　　北京市中关村南大街 12 号　邮编：100081
电　　话　（010）82109194（编辑室）　（010）82109702（发行部）
　　　　　（010）82109709（读者服务部）
传　　真　（010）82109194
网　　址　http://www.castp.cn
经 销 者　各地新华书店
印 刷 者　北京建宏印刷有限公司
开　　本　185 mm×260 mm　1/16
印　　张　5.25
字　　数　120 千字
版　　次　2021 年 5 月第 1 版　2021 年 5 月第 1 次印刷
定　　价　30.00 元

目　　录

概　述 ……………………………………………………………………（1）

贵州省竹亚科分族属检索表 ………………………………………………（3）

箣竹超族 BAMBUSATAE …………………………………………………（6）

　梨竹族 Trib. MELOCANNEAE …………………………………………（6）

　　单枝竹属 *Bonia* …………………………………………………………（7）

　　　单枝竹 *Bonia saxatilis* ……………………………………………（7）

　箣竹族 Trib. BAMBUSEAE ………………………………………………（8）

　　箣竹属 *Bambusa* ………………………………………………………（8）

　　箣竹亚属 Subgen. *Bambusa* …………………………………………（9）

　　　车筒竹 *Bambusa sinospinosa* …………………………………（10）

　　孝顺竹亚属 Subgen. *Leleba* ………………………………………（10）

　　　硬头黄竹 *Bambusa rigida* ………………………………………（11）

　　　青秆竹 *Bambusa tuldoides* ………………………………………（11）

　　　孝顺竹 *Bambusa multiplex* ………………………………………（12）

　　单竹属 *Lingnania* ……………………………………………………（13）

　　　绵竹 *Lingnania intermedia* ………………………………………（14）

　　　料慈竹 *Lingnania distegia* ………………………………………（14）

　　　桂单竹 *Lingnania funghomii* ……………………………………（15）

　牡竹族 Trib. DENDROCALAMEAE ……………………………………（15）

　　慈竹属 *Neosinocalamus* ……………………………………………（16）

　　　慈竹 *Neosinocalamus affinis* ……………………………………（16）

　　牡竹属 *Dendrocalamus* ……………………………………………（17）

　　　麻竹 *Dendrocalamus latiflorus* …………………………………（19）

　　　美奴麻竹 *Dendrocalamus latiflorus* f. meinung …………………（20）

　　　荔波吊竹 *Dendrocalamus liboensis* ……………………………（20）

　　　黔竹 *Dendrocalamus tsiangii* ……………………………………（20）

　　　花黔竹 *Dendrocalamus tsiangii* 'viridistriatus' ………………（21）

　　　吊丝竹 *Dendrocalamus minor* ……………………………………（21）

　　　梁山慈竹 *Dendrocalamus farinosus* ················ (21)
倭竹族 Trib. SHIBATAEEAE ················ (22)
唐竹亚族 Subtrib. Sinobambusinae ················ (23)
　大节竹属 *Indosasa* ················ (23)
　　荔波大节竹 *Indosasa lipoensis* ················ (24)
　　中华大节竹 *Indosasasinica* ················ (24)
　唐竹属 *Sinobambusa* ················ (25)
　　独山唐竹 *Sinobambusa dushanensis* ················ (26)
　筇竹属 *Qiongzhuer* ················ (26)
　　光竹 *Qiongzhuea luzhiensis* ················ (27)
　　柔毛筇竹 *Qiongzhuea puberula* ················ (27)
　　平竹 *Qiongzhuea communis* ················ (28)
　方竹属 *Chimonobambusa* ················ (29)
　　雷山方竹 *Chimonobambusa leishanensis* ················ (30)
　　毛环方竹 *Chimonobambusa hirtinoda* ················ (31)
　　乳纹方竹 *Chimonobambusa lactistriata* ················ (31)
　　合江方竹 *Chimonobambusa hejiangensis* ················ (31)
　　狭叶方竹 *Chimonobambusa angustifolia* ················ (32)
　　金佛山方竹 *Chimonobambusa utilis* ················ (32)
　　刺竹子 *Chimonobambusa pachystachys* ················ (33)
　　云南方竹 *Chimonobambusa yunnanensis* ················ (33)
倭竹亚族 Subtrib. Shibataeinae ················ (34)
　刚竹属 *Phyllostachys* ················ (34)
　刚竹组 Sect. *Phyllostachys* ················ (37)
　　刚竹 *Phyllostachys sulphurea* var. *viridis* ················ (37)
　　黄皮绿筋竹 *Phyllostachys sulphurea* cv. *robert* ················ (38)
　　罗汉竹 *Phyllostachys aurea* ················ (38)
　　红边竹 *Phyllostachy srubromarginata* ················ (38)
　　毛环竹 *Phyllostachys meyeri* ················ (39)
　　早园竹 *Phyllostachys propinqua* ················ (39)
　　淡竹 *Phyllostachys glauca* ················ (40)
　　毛竹 *Phyllostachys edulis* ················ (40)
　　花毛竹 *Phyllostachys edulis* f. *huamozhu* ················ (41)
　　桂竹 *Phyllostachys reticulata* ················ (41)
　　斑竹 *Phyllostachys reticulata* f. *lacrima–deae* ················ (42)
　　美竹 *Phyllostachys mannii* ················ (42)
　　贵州刚竹 *Phyllostachys guizhouensis* ················ (42)
　　紫竹 *Phyllostachys nigra* ················ (42)

毛金竹 *Phyllostachys nigra* var. *henonis* ······················· (43)

　水竹组 Sect. *Herocladae* ··· (43)

　毛环水竹 *Phyllostachys aurita* ·· (43)

　篌竹 *Phyllostachys nidularia* ··· (44)

　光箨篌竹 *Phyllostachys nidularia* f. *glabrovagina* ··········· (44)

　水竹 *Phyllostachys heteroclada* ··· (45)

北美箭竹超族 Supertrib. ARUNDINARIATAE ················· (46)

　香竹族 Trib. CHUSQUEEAE ·· (46)

　镰序竹属 *Drepanostachyum* ··· (47)

　　爬竹 *Drepanostachyum scandeus* ······································ (48)

　　小蓬竹 *Drepanostachyum luodianense* ······························ (49)

　　钓竹 *Drepanostachyum breviligulatum* ····························· (49)

　　多毛镰序竹 *Drepanostachyum hirsutissimum* ···················· (50)

　　匍匐镰序竹 *Drepanostachyum stoloniforme* ····················· (50)

　北美箭竹族 Trib. ARUNDINARIEAE ···································· (50)

　筱竹亚族 Subtrib. THAMNOCALAMINAE ·························· (51)

　纪如竹属 *Hsuehochloa* ··· (52)

　　纪如竹 *Hsuehochloa calcarea* ·· (52)

　箭竹属 *Fargesia* ·· (53)

　箭竹组 Sect. *Fargesia* ··· (54)

　　威宁箭竹 *Fargesia weiningensis* ······································· (54)

　　棉花竹 *Fargesia fungosa* ·· (55)

　　笼笼竹 *Fargesia conferta* ··· (55)

　玉山竹属 *Yushania* ··· (56)

　短锥玉山竹组 Sect. *Brevipaniculatae* ·································· (58)

　　盘县玉山竹 *Yushania panxianensis* ···································· (58)

　　梵净山玉山竹 *Yushania complanata* ·································· (59)

　　白眼竹 *Yushania microphylla* ·· (59)

　　水城玉山竹 *Yushania shuichengensis* ································· (60)

　玉山竹组 Sect. *Yushania* ··· (60)

　　仁昌玉山竹 *Yushania chingii* ·· (60)

　　显耳玉山竹 *Yushania auctiaurita* ······································ (61)

　　细弱玉山竹 *Yushania tenuicaulis* ······································ (61)

　　雷公山玉山竹 *Yushania uniramosa* ···································· (61)

　　皱叶玉山竹 *Yushania rugosa* ··· (62)

　　单枝玉山竹 *Yushania uniramosa* ······································· (62)

　　鄂西玉山竹 *Yushania confuse* ··· (63)

　　笻叶玉山竹 *Yushania angustifolia* ····································· (64)

北美箭竹亚族 Subtrib. Arundinarinae ·················· (64)

  巴山木竹属 *Bashania* ·················· (65)

    冷箭竹 *Bashania faberi* ·················· (65)

  苦竹属 *Pleioblastus* ·················· (66)

    斑苦竹 *Pleioblastus maculatus* ·················· (67)

    苦竹 *Pleioblastus amarus* ·················· (68)

  井冈寒竹属 *Gelidocalamus* ·················· (68)

    抽筒竹 *Gelidocalamus tessellatus* et c. c. chang ·················· (69)

    亮秆竹 *Gelidocalamus annulatus* ·················· (69)

赤竹亚族 Subtrib. SASINAE ·················· (70)

  赤竹属 *Sasa* ·················· (70)

    赤竹 *Sasa longiligulata* ·················· (71)

  箬竹属 *Indocalamus* ·················· (71)

    鄂西箬竹 *Indocalamus wilsoni* ·················· (73)

    箬叶竹 *Indocalamus longiauritus* ·················· (73)

    广东箬竹 *Indocalamus guangdongensis* ·················· (74)

    赤水箬竹 *Indocalamus chishuiensis* ·················· (74)

    阔叶箬竹 *Indocalamus latifolius* ·················· (75)

    多毛箬竹 *Indocalamus hirsutissimus* ·················· (75)

    光叶箬竹 *Indocalamus hirsutissimus* var. *glabrifolius* ·················· (75)

    方脉箬竹 *Indocalamus quadratus* ·················· (76)

    湖南箬竹 *Indocalamus hunanensis* ·················· (76)

概　述

　　贵州省地处我国西南地区东南部，位于长江以南、云贵高原东部，与重庆、四川、湖南、云南、广西接壤，地理位置为北纬 24°30′~29°13′、东经 103°31′~109°30′，平均海拔在 1 100m 左右，最高海拔 2 900.6m，最低海拔为 147.8m。境内地势西高东低，自中部向北、东、南三面倾斜。全省地貌可概括为：高原、山地、丘陵和盆地 4 种基本类型，高原山地居多，其中 92.5% 的面积为山地和丘陵，是中国唯一没有平原支撑的省份。岩溶地貌发育非常典型，喀斯特地貌面积占全省国土总面积的 61.9%。气候温暖湿润，属亚热带湿润季风气候，降水较多，雨季明显，阴天多，日照少。从贵州全省看，通常最冷月（1 月）平均气温多在 3~6℃，比同纬度其他地区高；最热月（7 月）平均气温一般是 22~25℃。独特的自然地理条件，适合许多竹种的生长，是世界竹子的分布与起源中心之一，从而使得贵州成为中国竹子主产省区之一，也是竹类资源较为丰富的省区之一。

　　竹子在植物分类学上属单子叶植物（Monocotyledoneae）中的禾本目（Graminales）禾本科（Gramineae 或 Poaceae）竹亚科（Bambusoideae）。多年生灌木状或乔木状，稀草本，亦间有蔓生成藤本，地下茎（竹鞭）及地上茎（竹秆）包括单轴散生、合轴丛生、合轴散生及复轴混生 4 种类型。单轴散生，其地下茎细长横走，形成竹鞭，鞭上有节，节上生根长芽，芽长新鞭，顶芽不出土，侧芽抽笋出土成竹，竹秆在地面散生。合轴丛生，竹秆基部的秆柄在地下甚短，节间亦短，顶芽出土，抽笋出土后，竹秆形成密集竹丛。合轴散生，是由合轴丛生衍生而来的，秆柄较长，在地下横向延伸，顶芽出土抽笋成竹，地面竹秆较疏散。复轴混生，兼有单轴型和合轴型的地下茎，具有细长横走的竹鞭，又有密集成丛的秆基，在地面上形成丛生和疏散的竹秆，二者混生。地下茎的节间近实心，须根生于节上，出土的芽称为竹笋，外被笋箨，箨壳发达，箨叶三角形或带状披针形，无明显的中脉，具箨舌，有时具箨耳，竹秆在节上具有箨环，是秆箨基部着生的部位，箨环之上方具秆环，两环之间为节内，节内或秆环上方着生 1 至多芽（我国均为单芽），芽萌发抽枝，分枝 1 至数个。叶具短柄，与叶鞘相接处有一关节，易自叶鞘脱落；叶鞘与叶片连接处向上延伸凸起为叶舌；叶耳发育或不发育，通常有须毛；叶片常为带状，稀为长圆状披针形；小穗具 1 至多个小花；花两性或杂性；鳞被通常 3 片，稀多数或缺如；雄蕊 3 或 6 枚，稀 12 枚或更多（我国不产），柱头 2~3 枚，稀 1 枚。花期不固定，一般相隔甚长（数年、数十年乃至上百年），某些种终生只有一次开花期，花期常可延续数月之久。竹类植物营养器官有根、地下茎、竹秆、秆芽、枝条、先出叶、叶、秆箨等区分，生殖器官为花、果实和种子。果实又分为颖果、坚果、胞果或浆果。

世界木本竹类植物有 82 属 1 200 余种，主要分布于热带、亚热带湿润季风型气候区的低海拔地区。我国除引种栽培者外，已知有 40 属、740 种、54 变种、124 变型、4 杂交种，计 922 种及种以下分类群，分隶 6 族。其自然分布限于在长江流域及其以南各省区，少数种类还可向北延伸至秦岭、汉水及黄河流域各处。贵州省的竹亚科植物 19 属 76 种、3 变种、6 变型，共 85 种（不包括引种）。依据生物气候、地质地貌的分异性和竹种生活型的差异性，将贵州省的竹种资源划分为黔东低山丘陵散生竹和丛生竹混生竹区、黔南低中山峡谷丛生竹区、黔北中山峡谷散生竹和丛生竹混生竹区、黔中山原散生竹和丛生竹混生区、黔西高原中山散生竹区 5 个竹区。

竹子适应性强，生长快、成材早、周期短、用途广、价值高，一经栽培可以长期利用。竹子在人们日常生活的吃、穿、住、行各个方面都有应用，不仅是一种优良的食材、良好的建筑材料、优良的园林绿化树种、优良的观赏植物，并且有历史悠久的竹文化。从早期的竹简、竹编、竹筒、竹箭、竹苑，到现代的竹板材、竹工艺、竹建筑、竹纤维等，竹子广泛应用于我们的生产、生活、军事、文化等各个方面。竹子还具有良好的截留降水、涵养水源、水土保持、防风固沙、净化空气、减少噪声、调节气候、维护竹林生物多样性、维持碳氧平衡等作用。

贵州省竹亚科分族属检索表

1. 花序为逐次发生的假花序，无延续的花序主轴；侧生小穗无柄或近无柄，着生于节环明显的主秆及其各分枝的节上；花枝各节常具苞片和前出叶；秆箨多为脱落性或早落（**箣竹超族** Supertrib. BAMBUSATAE）。

  2. 地下茎合轴型，秆柄短，不作长距离横走，秆丛生，或秆柄延伸成假鞭，能在地中作长距离横走，秆近散生；雄蕊6。

    3. 小穗含1~2（3）朵成熟小花；内稃不存在，或存在时背部圆形而无2脊；果实大，果皮肥厚肉质或硬壳质，通常无明显的腹沟（**梨竹族** Trib. MEIOCANNEAE Benth.）。秆柄不延伸，秆丛生；秆每节分枝仅1枝，粗度与主枝近相等；灌木状竹类，节间实心 ·················· **单枝竹属** *Bonia* Balansa

    3. 小穗通常含小花多朵；内稃背部具2脊，或小穗仅含1花者背部无脊；果实小，颖果或囊状果，果皮薄。

      4. 小穗较长，各小花疏离，同一小穗中各外稃几等长；小穗轴容易逐片断落，节间较长；鳞被3，前方2片稍呈肉质，其形状与后方1片不同；箨耳通常存在（**箣竹族** Trib. BAMBUSEAE Trin.）。秆直立；箨鞘早落或迟落，先端宽，箨片宽大，不为锥针状；叶片较大，次脉3对以上；箨片通常窄于箨鞘顶端，箨耳存在或缺；小枝不硬化或有少数硬化成棘刺；内稃2脊不突出成翅状。

        5. 箨片直立，其基部宽度与箨鞘顶端等宽或近等宽，箨耳通常发达；秆节间较短；主枝明显粗壮，某些种类具有硬化成刺的缩短枝；小穗绿色，外稃稍宽于内稃，花柱1~3，甚长或明显 ···················
        ·················· **箣竹属** *Bambusa* Relz. Corr. Schreber

        5. 箨片外翻，其基部宽度常较箨鞘顶端窄2~3倍，箨耳小或缺失；秆节间甚长，其长度在45cm以上至1m；主枝不明显，小枝不硬化成刺；小穗紫褐色，外稃较内稃宽很多，花柱缺失或短 ··················
        ·················· **单竹属** *Lingnania* RMcClure

      4. 小穗较短，各小花排列紧密，同一小穗中各外稃大小不相等，位于小穗中部者较大；小穗轴不易逐片折断，节间很短；鳞被缺失（慈竹属、绿竹属或牡竹属的某些种例外）；箨耳缺失或存在时甚小（**牡竹族** Trib. DENDROCALAMEAE Benth.）。

  6. 秆壁薄，厚约 0.5cm；秆节上无明显的粗壮主枝；叶片中等大小；外稃较内稃宽，鳞被 3~4；果实囊果状，果皮薄，易与种子分离………
………………………………………… 慈竹属 *Neosinocalamus* Keng f.

  6. 秆壁厚，常厚达 1~2cm；秆节中下部每节上通常具粗壮主枝 1~3 枚；叶片常为大型；外稃等宽或宽于内稃，鳞被缺失或稀 1~3；果实为颖果或坚果状。花丝分离，或仅基部稍有靠合，稃耳通常缺失；鳞被缺失或偶具 1~2（3）片 ………………… 牡竹属 *Dendrocalamus* Nees

2. 地下茎单轴型或复轴型，有在地中作长距离横走的真鞭；秆散生或兼小丛生，节间圆筒形或有时略呈四方形，但在分枝一侧有纵长沟槽及棱脊；秆每节分枝 2、3 枚或 5~7 枚；小穗容易逐节断落，雄蕊 3 或 6（倭竹族 Trib. SHIBATAEEAE Nakai emend. Keng f.）。

  7. 假小穗或假小穗丛无佛焰苞状苞片；秆每节分枝 3（唐竹亚族 Subtrib. **Sinobambusinae** Z. P. Wang）。

   8. 雄蕊 6 ………………………………………… 大节竹属 *Indosasa* McClure

   8. 雄蕊 3。

    9. 秆节节内无一圈气生根刺；笋期在春季。

     10. 秆节间较长，其长度可达 50cm 或更长；稃环木栓质增厚，常显著隆起 ……………… 唐竹属 *Sinobambusa* Makino ex Nakai

     10. 秆节间较短，其长度可达 20cm 左右；稃环狭窄而薄，略隆起………
        筇竹属 *Qiongzhuer* Hsueh et Yi

    9. 秆节节内具一圈锐利的气生根刺；笋期在秋季 …………………………
………………………………… 方竹属 *Chimonobambusa* Makino

  7. 假小穗或假小穗丛具早落或迟落的佛焰苞状苞片；秆每节分枝 1~7（倭竹亚族 Subtrib. **Shibataeinae** Soderstrom et Ellis）。雄蕊 3，秆中部各节上仅具芽 1 枚，秆每节分枝 2，一粗一细 …………… 刚竹属 *Phyllostachys* Sieb. et Zucc.

1. 花序为一次发生的真花序，有延续的花序主轴；小穗具柄，生于节环不明显的总状或圆锥花序上；花序轴分枝处的下方常有 1 枚小型苞片，腋内极稀具前出叶，或有时为瘤枕所代替；秆稃常宿存或迟落（北美箭竹超族 Supertrib. **ARUNDINARIATAE** Keng et Keng f.）。

  11. 地下茎合轴型（香竹属 *Chusquea* Kunth 有其他类型为例外）；秆芽 3 或更多；枝条斜展或开展；雄蕊 3，柱头 2［香竹族 Trib. **CHUSQUEEAE**（Munro）E. G. Camus］。秆悬垂，攀缘状竹类，节内不具气生根刺；花枝无叶，其花序分别束生于秆的每节上；岩生性竹类 …………………………
………………………………… 镰序竹属 *Drepanostachyum* Keng f.

  11. 地下茎各种类型；秆芽 1；枝条直立、上举或开展；雄蕊 6 或 3，柱头 2 或 3 枚（北美箭竹族 Trib. **ARUNDINARIEAE** Nees）。

   12. 地下茎合轴型，秆柄节上无芽眼，不延伸或延伸成假鞭；灌木状竹类，生于海拔 1 000m 以上的亚高山地区（筱竹亚族 Subtrib. **THAMNOCALAMINAE**

Keng f.）。

13. 秆梢端长下垂，多少带攀缘性；箨耳和叶耳发达，边缘继毛放射状；秆较细小，可呈葡匐状，箨环不显著，分枝（1）3~7、近等粗、无主枝，叶片革质 ·················· 纪如竹属 *Hsuehochloa* D. Z. Li & Y. X. Zhang

13. 秆直立，梢端有时稍弯；箨耳、叶耳和继毛存在或否。总状或圆锥花序生于具叶小枝顶端，花序下面具一片大型佛焰苞。

14. 秆柄粗短，两端不等粗，前端直径大于后端，通常长 15（20）cm，直径 1~3（7）cm，节间长在 5mm 以内，实心，在解剖上通常无气道；秆丛生或近散生。秆每节分枝多数；叶片小型，次脉少数；花序下方具一组由叶鞘扩大成的或大或小佛焰苞；柱头 2~3 枚 ·················· 箭竹属 *Fargesia* Franch.

14. 秆柄细长，整个秆柄的粗度大体一致，通常长 20~50cm，直径 1cm 以内，节间长 5~12mm，实心或少数种有中空，在解剖上通常具气道；秆散生，每节分枝 1 至少数枚；花序下方的叶鞘不扩大成佛焰苞；柱头 2 枚 ·················· 玉山竹属 *Yushania* Keng f.

12. 地下茎单轴型或复轴型，有节上生根或芽眼的真鞭；乔木状竹类（赤竹亚族 Sasinae Keng f. 例外），生于低海拔山地或平原。

15. 秆每节分枝数枚（茶秆竹属 *Pseudosasa* Makino ex Nakai 每节分枝 1~3 枚为例外），枝条直径较主秆细；叶片小型至中型，次脉较少，小横脉显著或否；花序顶生或侧生，如侧生时，其花序所在的小枝长度不会超过它所着生的那一条具叶枝（北美箭竹亚族 Subtrib. ARUNDINARINAE）。雄蕊 3。

16. 枝条长，其节间上可再分次级枝；小枝具叶 3 枚以上。箨片直立或外翻，线形、披针形、三角形、线状披针形或带状，最宽在 3mm 以上；小穗基部外稃腋内无不发育的退化小花。

17. 秆箨环木栓质肥厚，显著肿起；秆髓锯屑状；花序较短，通常侧生；雌花柱头 3 ·················· 苦竹属 *Pleioblastus* Nakai

17. 秆箨环不木栓质肥厚，稍肿起；秆髓笛膜状；花序较长而疏散，生于具叶小枝顶端；雌花柱头 2 或 3 ·················· 巴山木竹属 *Bashania* Keng f. et T. P. Yi

16. 枝条较短，其节上一般不再分次级枝；小枝具叶 1 枚，稀具 2 叶或更多 ·················· 井冈寒竹属 *Gelidocalamus* Wen

15. 秆每节分枝 1 枚，稀秆下部节上分枝，而上部节上可达 3 分枝，当单枝时，其直径与主秆近等粗；叶片大型，次脉多对，小横脉显著；花序生于具叶小枝顶端（赤竹亚族 Subtrib. SASINAE Keng f.）。

18. 雄蕊 6。秆通常斜上升，每节上枝条单生；叶鞘肩毛与秆成近直角开展，全部粗糙 ·················· 赤竹属 *Sasa* Makino et Shibata

18. 雄蕊 3。秆高 2m 以内，直径 1cm 内，或少有直径可达 1.5cm；秆壁横切面上的典型维管束为开放型；颖果，果皮薄，不为肉质 ················· ·················· 箬竹属 *Indocalamus* Nakai

簕竹超族 BAMBUSATAE

地下茎除倭竹族为单轴型（具有真鞭）散生竹类，其他族都为合轴型丛生竹类，且秆柄可延伸成假鞭或不延伸；秆直立或攀缘；秆箨多为脱落性乃至早落，少数有例外可宿存。花序为续次发生的无限花序；花枝有叶或无叶；假小穗（或其穗簇即花序）极大多数无柄，侧生于花枝（甚至是主秆）的各节上，当为顶生时，则花枝最上方的一段节间可类似其柄。雄蕊6，或更多或少至3。果实为颖果、浆果（此时可无胚乳）、坚果（果皮干后坚硬）或胞果（果皮质薄，与种子易剥离）等类型。

模式属：簕竹属 *Bambusa* Retz. corr. Schreb. （nom. cons.）

本超族有：梨竹族 MELOCANNEAE、簕竹族 BAMBUSEAE、牡竹族 DENDROCAL-AMEAE、褐纹竹族 NASTEAE 和倭竹族 SHIBATAEEAE，共5族，其中褐纹竹族我国不产，我国产梨竹族7属33种1变种，簕竹族3属87种17变种18变型，牡竹族4属58种5变种17变型，倭竹族唐竹亚族4属84种6变种4变型和倭族亚竹4属80种10变种77变型，共4族2亚族22属342种39变种116变型，合计496种。分布于我国热带亚热带的华南、西南各省区；倭竹族多生长于长江流域以南亚热带北缘至温带各地，西南各省区较高海拔山岳地带也有分布。

贵州省产梨竹族单枝竹属单枝竹1属1种，簕竹族簕竹属和单竹属2属7种，牡竹族牡竹属和慈竹属2属6种2变型，倭竹族唐竹亚族4属14种和倭竹亚族刚竹属1属13种2变种4变型，共4族2亚族10属41种2变种6变型，合计49种。

梨竹族 Trib. MELOCANNEAE

乔木状、灌木状或稀藤本状竹类。秆直立、斜依或多少有些具攀缘性，稀可藤本；节间较长，圆筒形，分枝一侧无纵沟槽，每节分枝多数（单枝竹属例外）。小穗中成熟小花的内稃通常背部圆拱而无2脊，故外貌与外稃有些相似；鳞被和柱头两者的数目有变化；雄蕊6或为多数（我国不产的群蕊竹属 *Ochlandra*，其雄蕊可多至120枚）。果实常为大型，果皮肉质肥厚，亦有中型和小型，浆果、胞果或颖果；果皮为革质者，常能与种子相剥离而呈胞果状，果实先端具喙，腹沟不明显，胚的着生位置在果外不易看出；胚乳存在或否（梨竹属即无胚乳）。

模式属：梨竹属 *Melocanna* Trin.

我国产 7 属 33 种 1 变种，分布在华南和西南各省区的热带和南亚热带山区。贵州产单枝竹属 *Bonia Balansa* 单枝竹 *B. saxatilis*（Chia，H. L. Fung et Y. L. Yang）N. H. Xia 1 属 1 种。

单枝竹属 *Bonia*

亚灌木状竹类。地下茎合轴型，秆柄很短。秆密丛生，实心，下部直立，梢端悬垂或半攀缘状；尾梢悬垂或呈半攀缘状；节处稍隆起；分枝单一，枝实心，其粗约与其主秆近相等。秆箨宿存，革质；箨耳发达，暗紫色，近镰刀形或宽镰刀形；箨舌低矮；箨片直立或外展。叶片大型，近革质，披针形至线状披针形，脉间小横脉明显可见。花枝侧生或自叶枝顶端生出。花序为续次发生。假小穗以数枚簇生于花枝各节，基部托以鞘状苞片；先出叶具 2 脊；苞片数片，腋内均具芽；小穗含 5~9 朵小花，仅顶生 1 朵不育；小穗轴脱节于诸小花间；颖通常 2 片；外稃近革质；第一小花的内稃近革质且略长于其外稃，其余小花的内稃则为膜质且远短于其外稃；鳞被 3，无毛；雄蕊 6，花丝分离，药隔顶端不伸出；子房无毛，花柱极短，柱头 3，羽毛状。笋期 8—9 月。

模式种：单枝竹

我国有 4 种 1 变种，产我国南部和西南部。贵州（望谟县）产单枝竹 *B. saxatilis*（L. C. Chia et al.）N. H. Xia 1 种。

分种检索表

1. 箨耳宽大，近镰形或宽镰形，边缘具繸毛，箨片斜心形或卵状披针形，基部抱秆或不抱秆；叶耳边缘繸毛均显著，叶片长达 35~40cm，宽达 6~8cm。箨舌和叶舌的边缘均具纤毛 …………… 单枝竹 *B. saxatilis*（L. C. Chia et al.）N. H. Xia

单枝竹 *Bonia saxatilis*

又称苦竹、阿布勒（布依语译音）。地下茎合轴型。秆丛生，秆高 1~4m，直径 4~8mm；节间长 25~40cm，幼时被白粉，无毛，实心。秆每节分枝 1 枚，长 0.5~1.5m。箨鞘宿存，革质，短于节间，背面被短绒毛和暗棕色小刺毛；箨耳近镰刀形，报茎，边缘具长约 1cm 的繸毛；箨舌繸毛长 5~10mm；箨片披针形，直立或外展，基部斜心形。叶鞘背面上部被白色蜡粉和绒毛，被短绒毛，有时贴生暗棕色小刺毛；叶耳近镰刀形，边缘繸毛长约 1cm；叶舌繸毛长 5~10mm；叶片长 20~35cm，宽 3.5~6cm，下面粉绿色，近无毛。

产贵州南部（望谟县）。生于海拔 400~1 000m 的石灰岩山上。

秆为造纸的上等原料，叶用于制竹笠，也可作马、羊的青饲料。用于假山造景别具特色。

篱竹族 Trib. BAMBUSEAE

乔木状或稀灌木状竹类。地下茎合轴型。秆直立或少数攀缘，节间圆筒形，唯在近分枝一侧的最下部可略扁平，秆每节分多枝，主枝较显著；叶片的小横脉多不明显。小穗（位于假小穗上端）含1至多朵小花，小穗轴具关节，易于逐节断落；小花内稃北部具2脊；鳞被和柱头两者的数目有变化；雄蕊6（篱竹属 *Bambusa* 的某些种可为3枚），花丝互相分离；子房的上部生短毛，下部呈柄状而无毛。果实多为颖果。

模式属：篱竹属 *Bambusa* Retz. corr. Schreb.

我国产3属87种17变种18变型，合计122种。主要分布在华南或西南，少数种可分布到东南沿海地区。贵州产篱竹属 *Bambusa* Relz. Corr. Schreber 4种和单竹属 *Lingnania* RMcClure 3种。

分属检索表

1. 箨片直立，其基部宽度与箨鞘顶端等宽或近等宽，箨耳通常发达；秆节间较短；主枝明显粗壮，某些种类具有硬化成刺的缩短枝；小穗绿色，外稃稍宽于内稃，花柱1~3，甚长或明显 ·················· **篱竹属 *Bambusa* Relz. Corr. Schreber**
1. 箨片外翻，其基部宽度常较箨鞘顶端窄2~3倍，箨耳小或缺失；秆节间甚长，其长度在45cm至1m；主枝不明显，小枝不硬化成刺；小穗紫褐色，外稃较内稃宽很多，花柱缺失或短 ·················· **单竹属 *Lingnania* RMcClure**

篱竹属 *Bambusa*

乔木状、少灌木状竹类，地下茎合轴型。秆丛生，通常直立，稀可顶梢为攀缘状；节间圆筒形，箨环隆起，秆环较平坦；秆每节分枝为数枝乃至多枝，簇生，主枝较为粗长（单竹亚属近相等），且能再分次级枝，秆下部分枝上所生的小枝或可短缩为硬刺或软刺，但亦有无刺者。箨鞘革至或软骨质，早落或迟落，稀有近宿存；箨鞘常具箨耳两枚，箨耳宽大，但亦稀可不甚明显或退化；箨舌或高或低；箨片通常直立，宽大，但亦有外展乃至向外翻折，在箨鞘上宿存或脱落。叶枝通常具数叶；叶片小型，纸质，叶片顶端渐尖，基部多为楔形，或可圆形乃至近心形，通常小横脉不显著。花序为续次发生。假小穗单生或数枚以至多枚簇生于花枝各节；小穗含2至多朵小花，顶端1或2朵小花常不孕，或小穗上下两端的小花皆为不完全花，基部托以1至更多的具芽苞片；小穗轴具关节，其节间显著较长，故小花之间彼此较疏离，成熟后易折断；颖1~3片，或有时缺；外稃宽而具多脉，各孕性小花的外稃几近等长；内稃具2脊，边宽而内折，与其外稃近等长，但较之稍窄或甚窄（单竹亚属如此）；鳞被2或3，常于边缘被纤毛；雄蕊6，花丝常分离，花药常于顶端凹缺或具小尖头；子房通常具子房柄，顶端增厚而被毛，具长或短的花柱，柱头通常3分，稀为1或2，细长而被毛，羽毛状。颖果通常圆柱状，顶部被毛，对向内稃的一面具腹沟槽（种脐）；果皮稍厚，在顶端与种子分离。笋期夏秋两季。

模式种：印度箣竹 Bambusa arundinacea （Retz.） Willd.

原产印度。我国已知有 70 种、14 变种、15 变型，合计 99 种，主产华东、华南及西南部。贵州产 4 种。

分种检索表

1. 秆和大枝下部各节或硬或软短缩枝刺（系小枝特化而成），硬刺者尚可密集成小刺丛；箨鞘常为坚韧不脆裂的牛皮质或厚革质，背面纵肋显著，有如皱纹，内面大都不具光泽（个别种例外）·············· **箣竹亚属** Subgen. *Bambusa*
秆的下部枝条于节处具有许多锐利的硬质枝刺，并能相互交织成网状，有如藩篱。箨鞘背面仅在近基部处被有毛茸。箨片与箨耳两者间有明显的界线，箨舌边缘齿裂或条裂，被流苏状毛茸。秆下部节间光滑无毛；箨鞘先端近截形，两端箨耳的大小近相等，常外翻·············· **车筒竹** *B. sinospinosa* McClure
1. 秆和枝条均不具枝刺；箨鞘硬革质，其质地较脆，内面平滑而大都光泽·········
·············· **孝顺竹亚属** Subgen. *Leleba* (Nakai) Keng f.
   2. 箨耳中较大的一枚宽 1cm 或更宽，如不及 1cm 时，则秆的分枝习性很低（可在第 1 节就有分枝），或是叶片的下面无毛，同时秆的节间较短（长 20 ~ 30cm）。
      3. 箨片基底约占箨鞘顶宽的一半或更窄。箨耳彼此不等大，箨鞘先端两侧不对称上拱宽弧形，鞘在背面仅在近内侧边缘被小刺毛·············
      ·············· **硬头黄竹** *B. rigida* Keng et Keng f.
      3. 箨片基底占箨鞘顶宽的一半以上。箨片基底与箨耳相连接部分仅为 3 ~ 7mm。箨鞘先端为两侧不等称的弧拱形或广弧拱形，有时为近斜截形；箨鞘背面无毛；秆下部节间不具异色纵条纹 ········· **青秆竹** *B. tuldoides* Munro
      4. 箨耳中大的一枚宽不及 1cm，如宽达 1cm 时，则箨片底常不足箨鞘顶宽的 1/3（疙瘩竹 *B. xueana* Ohrnberger 无箨耳及箨鞘口缝毛为例外）；箨耳及箨鞘两肩缝毛均存在；叶片下面呈粉白色或粉绿色；秆节间长 15cm 以上，无环状突起，秆环平；秆环隆起；箨鞘长于节间；箨耳极微小或不明显 ········· **孝顺竹** *B. multiolex* (Lour.) Raeuschel ex J. A. et J. H. Schult.

箣竹亚属 Subgen. *Bambusa*

秆下部枝条节上的部分小枝短缩成软刺或硬刺，秆壁厚 1cm 以上；节上具明显粗壮主枝 1~3 枚。箨鞘厚革质或牛皮质，具韧性，背面纵肋显著；箨片直立，基底宽度约与箨鞘顶端近相等，或较窄时亦为箨鞘顶端的 2/5 以上，成熟后不易自其箨鞘上脱落。假小穗淡黄绿色，孕性小花的外稃近等长，近稍宽于其内稃。

模式种：印度箣竹 Bambusa arundinacea （Retz.） Willd.

我国 32 种、2 变种、2 变型，主要分布于华南和西南。贵州省产车筒竹 *B. sinospinosa* McClure 1 种。

车筒竹 *Bambusa sinospinosa*

又称大簕竹、水簕竹、车角竹（广东）、刺楠竹（四川）、刺竹（广西）、鸡爪竹。秆高 15~27m，直径 8~17cm，尾梢略弯；节间长 20~30cm，常光滑无毛，唯其基部一二节常于节下环生一圈灰白色绢毛，壁厚 1~3cm；节处稍凸起，解箨后在箨环上暂时留有一圈稠密的暗棕色刺毛；分枝常自秆基部第一、第二节上即开始，秆下部的为单枝，向下弯拱，其上的小枝多短缩为硬刺，且相互交织而成密刺丛，秆中上部分枝为 3 至数枚簇生。箨鞘迟落，革质，干时背面纵肋隆起，近底缘处密生暗棕色刺毛，先端近截形；箨耳近相等，长圆形至倒卵形，常稍外翻，有波状皱褶，腹面密生糙硬毛，边缘具波曲状或劲直的繸毛；箨舌高 3~5mm，边缘齿裂并被流苏状毛；箨片直立或外展，卵形，其基部宽度约为箨鞘先端宽的 1/2。叶鞘近无毛，边缘一侧被短纤毛；叶耳不甚发达；卵形至狭卵形，边缘具数条波曲状或劲直的繸毛；叶舌高约 0.5mm，先端斜截形，全缘，被极短的纤毛；叶片线状披针形，长 7~17cm，宽 12~16mm，两表面均无毛或于下表面近基部被柔毛，先端渐尖，基部近圆形。假小穗线形至线状披针形，稍压扁，长达 4cm，单生或以数枚簇生于花枝各节；先出叶先端钝，脊上密生短纤毛；具芽苞片 3~5 片，狭三角形或近卵形，无毛，先端钝；小穗含两性小花 6~12 朵；小穗轴节间长 2~4mm，远离内稃的一面圆拱而被白毛，另一面则扁平而无毛，顶端被短纤毛；颖常缺；外稃卵状长圆形，长 5~9.5mm，先端钝急尖或急尖具细尖头，多脉；内稃通常稍长于外稃，具 2 脊，脊上被短纤毛，脊间 3~5 脉；鳞被 3，不相等，倒卵形，长约 1.4mm，先端钝，边缘密生纤毛；花丝分离，花药先端钝；子房狭窄，顶端增厚而被短硬毛，花柱细长，被短硬毛，柱头 3 分，羽毛状。笋期 5—8 月，花期 8—12 月。

产于赤水、册亨、望谟、兴义、安龙、罗甸、荔波、平塘、关岭等地。多生于海拔 500~600m 的河流两岸和村落附近。

竹秆粗大而通直，农村常用以建茅屋或用以作水车的盛水筒，故有"车筒竹"之称。又因其竹丛基部形似密刺丛，农村常种植于村落四周，以作防篱之用；又因其竹秆密集，根系发达，亦常种于河流两岸以作护堤防风之用。秆材坚硬而带韧性，不易虫蛀，可供家具、建筑、厢板、水槽、水车、竹排、抬杠、扁担和架设桥梁等用，又因分枝低，下部枝条粗壮，小枝短缩呈硬刺，也常栽培作防护围篱。笋味苦，煮熟水漂后仍可食用，可腌食。

孝顺竹亚属 Subgen. *Leleba*

秆节上不具任何由小枝短缩成的软质或硬质的棘刺，秆壁较薄，厚度通常在 1cm 以内；主枝粗壮。箨鞘通常为硬纸质，其质地常甚脆，内面平滑有光泽；箨片直立，成熟后易自箨鞘上脱离；假小穗淡黄绿色。

模式种：凤尾竹 *Bambusa multiplex* (Lour.) Raeuschel. ex J.A. et J.H.Schult.cv.Fernleaf 原产印度尼西亚爪哇岛。

我国 38 种、12 变种、13 变型，主要分布于华南和西南为地区，少数种可栽培到华中、华东地区。贵州产 3 种。

硬头黄竹 *Bambusa rigida*

又称黄竹。秆高 5～12m，直径 2～6cm，尾梢略弯拱，下部劲直；节间长 30～45cm，无毛，幼时薄被白色蜡粉，秆壁厚 1～1.5cm；节处稍隆起，偶在秆基部第一节的箨环之上方环生一圈灰白色绢毛；分枝常自秆基部第一或第二节开始，以数枝乃至多枝簇生，主枝显著较粗长，直径粗 4～6mm。箨鞘早落，硬革质，背面于下半部近内侧边缘贴生暗棕色刺毛，老时变无毛，先端向外侧倾斜而呈稍不对称的宽弧拱形；箨耳不相等，略有皱褶，深褐色，边缘被波曲状长约 1cm 的繸毛，大耳通常呈卵形，长 2.5cm，宽 1.5cm，在秆上部者近长圆形或披针形，小耳卵形或近圆形，其大小仅为大耳的 2/3；箨舌高 2.5～3mm，条裂，边缘具流苏状毛，毛落后而呈细齿状或啮蚀状；箨片直立，易脱落，呈近于对称的卵状三角形至卵状披针形，背面贴生极疏的棕色小刺毛，腹面近基部的脉间密生棕色小刺毛而上部粗糙，先端渐尖具硬尖头，基部作圆形收窄后即向两侧外延与箨耳相连，此相连部分为 3～4mm，边缘近基部被纤毛，箨片基部宽度约为箨鞘先端宽的 2/5。叶鞘背面无毛，纵肋隆起，仅外侧边缘被短纤毛；叶耳椭圆形，边缘具少数繸毛；叶舌高 0.5mm；叶片线状披针形，长 7.5～18cm，宽 1～2cm，上表面无毛或仅近基部被疏毛，下表面密生短柔毛，先端渐尖具细尖头，基部楔形，次脉 4～9 对。假小穗单生或以数枚乃至多枚簇生于花枝各节，当多枚簇生成丛时其中多为不孕小穗，单生者则多为发育良好的孕性小穗，后者长 3～4.5cm，含小花 3～7 朵，基部托以数枚具芽苞片；小穗轴节间形扁，无毛，长 2～4mm，顶端膨大呈杯状；颖椭圆形，长 6～7mm，多脉，先端急尖；外稃长圆状披针形，长 1～1.5cm，宽 4～8mm，具多脉，中脉隆起成脊，先端具短尖头；内稃较其外稃稍短，具 2 脊，脊于上部被纤毛，脊间 5 脉；鳞被 3，长 1.5～3mm，上部边缘被长纤毛，前方 2 片半匙形，后方 1 片稍较长，倒卵状披针形；花药长 4～6mm，顶端被画笔状毛，子房具 3 棱，卵球形，具柄，连柄长 2～2.5mm，顶部被糙硬毛，花柱被毛，长 1.5～2mm，柱头 3，被短毛，长不及 1mm。成熟颖果未见。笋期 7—8 月。

产于赤水、三都等地。生于海拔 260～300m 的村旁及河流两岸，广泛栽培于平坝、河边或村落附近。

秆壁厚，竹秆通直，可供担架、农具柄、牌坊等用。

青秆竹 *Bambusa tuldoides*

又称硬头黄竹（广东）、水竹、硬生桃竹、硬散桃竹。秆高 6～10m，直径 3～5cm，尾梢略下弯；节间长 30～36cm，幼时薄被白蜡粉，无毛，秆壁厚；节处微隆起，基部第一节至第二节于箨环之上下方各环生一圈灰白色绢毛；分枝常自秆基第一或第二节开始，以数枝乃至多枝簇生，主枝较粗长。箨鞘早落；背面无毛，干时纵肋稍隆起，常于靠近外侧的一边有 1～3 条黄白色纵条纹，先端向外侧一边稍向下倾斜，呈不对称的宽弧拱形；箨耳不相等，靠外侧的箨耳较大，卵形至卵状椭圆形，长约 2.5cm，宽 1～1.4cm，略有皱褶，边缘具波曲状细弱繸毛，靠内侧的箨耳较小，斜升，卵圆形至椭圆形，约为大耳的一半，边缘具波曲状细弱繸毛；箨舌高 3～4mm，条裂，边缘密生长 2mm 的短流苏状毛；箨片直立，易脱落，呈不对称的卵状三角形至狭三角形，背面疏生脱落性棕色贴生小刺毛，腹面脉间被棕色或淡棕色小刺毛，先端渐尖具锐利硬尖头，基部稍作圆形收窄后便向两侧外延而与箨耳相连，其相连部分为5~7mm，箨片基部宽度为箨鞘先端宽的2/3~3/4，其两侧边缘近基部略有皱褶，并被波曲状缝毛。叶鞘背面无毛，边缘仅一侧被短纤毛；叶耳无或存在，当存在时则为狭卵形至镰刀形，边缘具直或曲的缝毛；叶舌极低矮，近截形，全缘，被极短的纤毛；叶片披针形至狭披针形，长10~18cm，宽1.5~2cm，上表面无毛或近基部疏生柔毛，下表面密被短柔毛，先端渐尖而具粗糙钻状细尖头，基部近圆形或宽楔形。假小穗以数枚簇生于花枝各节，簇丛基部托以鞘状苞片，淡绿色，稍扁，线状披针形，长2~3cm，宽3~4mm；先出叶具2脊，脊上被纤毛；具芽苞片2片，无毛，先端钝；小穗含小花6或7朵，位于上下两端者不孕，中间的小花为两性；小穗轴节间扁平，长3~4mm，顶端膨大呈杯状而被微毛；颖常1片，卵状长圆形，长8.5mm，无毛，先端急尖；外稃卵状长圆形，长11~14mm，具19脉，无毛，先端钝并具短尖头；内稃与其外稃近等长或稍较短，两脊的上部疏生极短白色纤毛，近顶端的毛较长，脊间和脊外的每边均具4脉，并生有小横脉，先端略钝，并有一簇画笔状白毛；鳞被3，倒卵形，边缘被长纤毛，前方2片偏斜，宽短，长2.5mm，后方一片狭长，长约3mm；花药长3mm，先端微凹；子房倒卵形，具柄，长1.2mm，顶部增厚并被长硬毛，花柱长0.7mm，被长硬毛，柱头3，长5.5mm，羽毛状。颖果圆柱形，稍弯，长8mm，直径1.5mm，顶端钝圆而增厚，并被长硬毛和残留的花柱。笋期7—9月。

产于贵州南部。生于低丘陵地或溪河两岸，也常栽培于村落附近。

秆供建筑、家具、农具等用材。秆表面刮制的"竹茹"供药用。

孝顺竹 *Bambusa multiplex*

又名坟竹、西风竹。秆高4~7m，直径2~4cm，尾梢近直或略弯，下部挺直，绿色；节间长30~50cm，幼时薄被白蜡粉，并于上半部被棕色至暗棕色小刺毛，后者在近节以下部分尤其较为密集，老时则光滑无毛，秆壁稍薄；节处稍隆起，无毛；分枝自秆基部第二或第三节即开始，数枝乃至多枝簇生，主枝稍较粗长。秆箨幼时薄被白蜡粉，早落；箨鞘呈梯形，背面无毛，先端稍向外缘一侧倾斜，呈不对称的拱形；箨耳极微小以至不明显，边缘有少许缝毛；箨舌高1~1.5mm，边缘呈不规则的短齿裂；箨片直立，易脱落，狭三角形，背面散生暗棕色脱落性小刺毛，腹面粗糙，先端渐尖，基部宽度约与箨鞘先端近相等。末级小枝具5~12叶；叶鞘无毛，纵肋稍隆起，背部具脊；叶耳肾形，边缘具波曲状细长缝毛；叶舌圆拱形，高0.5mm，边缘微齿裂；叶片线形，长5~16cm，宽7~16mm，上表面无毛，下表面粉绿而密被短柔毛，先端渐尖具粗糙细尖头，基部近圆形或宽楔形。假小穗单生或以数枝簇生于花枝各节，并在基部托有鞘状苞片，线形至线状披针形，长3~6cm；先出叶长3.5mm，具2脊，脊上被短纤毛；具芽苞片通常1或2片，卵形至狭卵形，长4~7.5mm，无毛，具9~13脉，先端钝或急尖；小穗含小花（3）5~13朵，中间小花为两性；小穗轴节间形扁，长4~4.5mm，无毛；颖不存在；外稃两侧稍不对称，长圆状披针形，长18mm，无毛，具19~21脉，先端急尖；内稃线形，长14~16mm，具2脊，脊上被短纤毛，脊间6脉，脊外有一边具4脉，另一边具3脉，先端两侧各伸出1被毛的细长尖头，顶端近截平而边缘被短纤毛；

鳞被中两侧的 2 片呈半卵形，长 2.5~3mm，后方的 1 片细长披针形，长 3~5mm，边缘无毛；花丝长 8~10mm，花药紫色，长 6mm，先端具一簇白色画笔状毛；子房卵球形，长约 1mm，顶端增粗而被短硬毛，基部具一长约 1mm 的子房柄，柱头 3 或其数目有变化，直接从子房顶端伸出，长 5mm，羽毛状。成熟颖果未见。笋期 9 月。

产于赤水、沿河、荔波等地。生于海拔 500~600m 的山谷、河边。为我国丛生竹中分布最广的一个种，从东南部至西南部均有分布或栽培。也是丛生竹中最耐寒的一个种，最北可露地栽培到陕西周至区楼观台。

庭园绿化植物。多种植以作绿篱或供观赏。秆材柔韧，纤维长度在 2.5mm 以上，为优良造纸原料，劈篾用于编织各种竹器及工艺品。用秆所削刮成的竹绒是填塞木船缝隙的最佳材料。竹叶供药用，有解热、清凉和止鼻血之效。

单竹属 *Lingnania*

乔木状竹类。地下茎合轴型，秆柄粗短。秆丛生，梢部通直；秆无刺；节间圆筒形，甚修长（一般在 30cm 以上，中部者长可达 45~110cm），秆壁薄（常不及 8mm）；同一节的分枝常彼此近同粗，亦有主枝较粗壮者；箨鞘顶端甚宽，而箨片基底宽仅及其 1/3~1/2（或偶可宽至 2/3）。箨环隆起；秆环平。秆每节分枝数枚至多枚，簇生，无明显粗壮主枝，无刺。箨鞘革质或软骨质，早落或迟落，顶端宽，截平行、穹形、凹陷或很少圆形；箨耳微小；箨舌低矮；箨片外翻，基部明显作圆形收窄，其宽度仅为箨鞘顶端的 1/4~1/2。叶枝具数叶；叶片小型或中型，披针形或线状披针形，纸质，小横脉不清晰。花序为续次发生；假小穗数枚簇生于花枝各节；小穗古铜色或紫褐色，含少数朵至多朵小花，小花背部微肿胀；小穗轴有关节，节间短，无毛，质地较软，中空，成熟后易逐节断落；颖片 1~2 枚或更多；外稃宽卵形，先端钝圆形而有小尖头，有光泽；无毛；内稃等长或稍长于外稃，背部具 2 脊，无毛或节上具纤毛，顶端钝圆或截平；鳞被 3；雄蕊 6，花丝分离，花药先端尖锐；花柱 1，有时简短或近于缺，柱头 3，稀 2，羽毛状。颖果卵形，具腹沟。染色体 $2n=72$。笋期在夏秋两季。

模式种：粉单竹 *Bambusa chungii* McClure

原产于广西宜山。我国产 14 种、3 变种、2 变型。产于我国南部平原或丘陵地区，广泛栽培。贵州产 3 种。

分种检索表

1. 主枝较侧枝粗而长；秆壁厚度常超过 0.8cm；秆壁厚达 1.5~2cm；幼秆的节间微被白粉和稀疏易落的白色小刺毛；箨片背面无毛 ·················
·················· 绵竹 *L. intermedia* (Hsueh et Yi) Yi

1. 主枝与侧枝粗细相近；秆壁较薄，厚度在 0.8cm 以下；秆梢劲直或弯曲但不依附他物；幼秆节间有毛（如无毛则箨片直立），无白粉或被白粉。

   2. 幼秆节间被白粉及小刺毛，刺毛脱落后则在秆表面留有小凹痕 ·················
   ·················· 料慈竹 *L. distegia* (Keng et Keng f.) Keng f.

   2. 幼秆节间无白粉，或仅节下有白粉，有疣基小刺毛，刺毛脱落后留有小凹痕，还有小疣点；箨片反折，箨鞘先端截平或稍凹陷，两侧近相等 …………………
………………………………………………………… 桂单竹 *L. funghomii* McClure

绵竹 Lingnania intermedia

又名凤尾竹、芒竹、蛮竹。秆直立，高 7~15m，梢部劲直；节间圆筒形，长 35~55cm，幼时深绿色，有时具紫褐色纵条纹，微被白粉及稀疏易落的白色小刺毛，秆壁厚，通常可达 2cm；秆环平坦；箨环隆起，被柔毛，常有鞘基残留物；节内被白色绒毛；分枝习性低，以多枝簇生，主枝粗长。箨鞘脱落性，短于节间，背面被黄、棕二色的小刺毛，顶端微凹或略呈拱形，箨耳不明显，鞘口缝毛多数；箨舌高 2~3mm，顶端齿裂，边缘缝毛长 5~15mm；箨片外翻或直立，卵状披针形，先端渐尖，基部收缩呈圆形，宽为箨鞘顶端的 1/3，腹面纵脉间密被微毛及小刺毛。末级小枝通常具 5~12 叶；叶鞘无毛；叶耳长卵形，鞘口缝毛弯曲；叶舌截平；叶片长 7~18cm，宽 1~2.5cm，下表面灰绿色有微毛。假小穗长 2~4cm，枯草色，微扁，苞片数片，光亮，自下而上逐渐增大，常具腋芽；小穗含小花 7~11 朵；小穗轴被毛，具关节，成熟后易折断；外稃长 7~10mm，先端具刺尖，背面无毛；内稃长于外稃，背面和脊上均无毛，顶端钝尖，无毛或具笔毫状微毛；鳞被 3；花药长 4.5mm，先端钝；子房上部被白色长柔毛，具柄，柱头 3，羽毛状。笋期 5 月。

产于贵州局部地区。

本种秆壁较厚，除可用于劈篾编结竹器外，亦宜用作建筑材料。

料慈竹 Lingnania distegia

又名直颠慈。地下茎合轴型。秆直立，丛生，顶端略作拱形弯曲但不下垂，高 10~18m，直径 4~10cm，梢端径直或稍短外弯；节间圆筒形，节间长 20~120cm，绿色或成长后呈黄色，幼时上半部被白粉及灰黄色至棕色小刺毛，此小刺毛脱落后秆表面粗糙，秆壁厚 2.5~11mm；箨环幼时密被下向黄色或褐色小刺毛，但易随解箨而一同脱落，使箨环变为无毛而具箨鞘基底所留下的木栓环；秆环不显著，颜色较深；分枝以多数簇生于秆节，在秆顶端各节则常超过半轮生状，并可再分枝，节间无毛，有光泽，一般长 3~13cm，直径 2~3mm。箨鞘坚韧，呈广长圆形，其长仅及节间一半或更短，基底宽广（宽 11.5~21cm），边缘无毛，背面密生方向不定或有时成束的金黄色或棕色小刺毛（唯在鞘基内侧被掩盖处的三角形地带则无毛），幼时在刺毛间尚具成为密条纹状的白蜡粉，腹面无毛而具光泽，鞘口截平，宽 2~6.5cm，两肩呈弧状耸起；箨耳不显著，仅在两肩的顶端稍有其痕迹，鞘口缝毛白色，长 3~5mm；箨舌高 1~2mm，边缘具细齿，每齿还上延为 1 条易落之缝毛，后者长约 3mm；箨片不易外翻，三角形至披针形，长 8~13.5cm，宽 28~32mm，先端渐尖，边缘内卷而呈锥状，基部向内作圆形收窄，与箨鞘先端着生部分甚窄，其宽度约占箨鞘先端的 1/3，背面具纵脉，无毛但触之觉粗糙，腹面于纵脉间及两边缘均具小刺毛。末级小枝具数叶乃至 10 数叶；叶鞘草黄色至棕色，长 35~48mm，无毛，鞘口截平；叶耳不发达，或稀可具鞘口缝毛；叶舌亦不发达；叶柄长达 1~2mm；叶片长披针形，长 5~16cm，宽 8~16mm，先端渐尖，基部圆形，上表面深绿色而暗涩，无毛，下表面灰绿色，具白色微毛，次脉 4~6 对，叶缘均具小锯齿而粗糙。花枝无叶或生有比叶鞘为短的较小叶片，假小穗以多数簇生成球状，或单生乃至数枚着生于花枝之各节，呈卵形兼披针形，长 13~18mm，宽 5~7mm，两侧微扁，深棕色；小穗含小花 4~6 朵；小穗轴节间长 1~2mm，无毛；颖 1 或 2 片，形似外稃而稍小；外稃厚纸质，广卵形，长与宽近相等，均为 8~10mm，无毛，具多脉，基部圆形，顶端锐尖，边缘密生小纤毛；内稃与其外稃近等长或较短，具 2 脊，脊上生纤毛，脊间无毛，宽约 2mm，脊内具 2 脉，顶端具凹缺，边缘具纤毛；鳞被中后方的 1 片呈长圆形或卵形，两侧的 2 片为半卵形，顶端具长而劲直的白色纤毛；花丝细弱，长约 8mm，花药淡黄色，长 5~6mm，顶端具笔毫状细柔毛；子房灰白色，呈金字塔形或圆锥形，腹部具宽沟，长 2.5mm，直径约 2mm，遍体生毛，子房柄长 2.5mm，无毛。花柱锥形，长 2~3mm，亦遍体生毛，柱头 1~3，长 5~9mm，具帚刷状的短毛。果为囊果状，乳黄色，纺锤形，长约 8mm，直径约 3mm，仅在顶端具白色微毛，余处无毛；果皮薄，干燥后具皱纹，易与种子分离。笋期 8—10 月。

产于赤水、思南、册亨、罗甸、独山等地。生于海拔 400~900m 的村旁、河边等。栽培于低海拔沿江河两岸的平地、缓坡地和院落附近，也见于庭园中。

秆主要用于造纸。秆节劈篾后容易脆断，故通常只能以单个节间劈篾编织竹器及农器用。本种的节间长，劈篾为编织凉席的上乘材料。笋可吃，味苦。

桂单竹 Lingnania funghomii

又名吊竹。秆直立，顶端弯曲下垂，高 2~5m；节间长 40~60cm，直径 1.5~3cm，初时密被脱落性的疣基刺毛，后者脱落后，则在秆表面留有小凹痕及乳突状小疣点，秆壁厚 2~4mm；秆环平坦；箨环凸起，密被一圈粗硬毛环；分枝多数簇生于各节，彼此粗细相似。箨鞘顶端截形或稍凹陷，先端纸质，背面密被棕色疣基刺毛，毛脱落后；则在箨鞘背面留有小凹痕和乳突状小疣点，边缘无毛；箨耳稍延伸，略粗糙，边缘的繸毛为棕色，细长而波曲，基部粗糙，易折断早落；箨舌极矮，与箨鞘先端等宽，边缘具稀疏、极纤细的纤毛，此毛脱落可渐变为无毛；箨片外翻，易脱落，披针形，基部强烈收窄，呈倒心形或圆形，两表面近无毛，唯背面常具明显小横脉。末级小枝具 3~8 叶；叶鞘长 4~7cm，背面纵肋凸起，近顶端多少具脊，被易落的细长毛；叶耳明显，呈镰刀形，边缘繸毛长 6~8mm，棕色，细弱，作放射状伸展；叶舌顶端拱曲，全缘或具纤毛；叶柄短；叶片披针形或狭长披针形，长 8~16cm，宽 1~1.5cm，两表面均无毛，在下表面有时可见小横脉。花枝未见。

产于贵州省黔西南布依族苗族自治州册亨县。

主要用于劈篾编织竹器和捆扎柴草。

牡竹族 Trib. DENDROCALAMEAE

乔木状竹类。秆大型或中型，直立；节间圆筒形，分枝一侧无沟槽；每节分枝多数。小穗含 1 至数朵小花，位于假小穗上方的小穗部分所含小花排列较紧密，小花彼此不同大；小穗轴短缩而粗厚，其节间无论有无关节均不易逐节折断，小穗轴不易逐节断落，成熟时整个小穗或假小穗自花枝上脱落；小花内稃背部具2脊；雄蕊6，花丝互相分离；子房具柄。果实多为颖果或囊果，牡竹属则可为坚果状。

模式属：牡竹属 Dendrocalamus Nees

我国产4属58种5变种17变型，分布在华东（浙江、福建、台湾）、华南和西南，东南沿海有少数种分布。贵州产牡竹属 Dendrocalamus Nees 5种2变型和慈竹属 Neosinocalamus Keng f. 慈竹 Neosinocalamus affinis（Rendle）Keng f. 1种。

分属检索表

1. 秆壁薄，厚约0.5cm；秆节上无明显的粗壮主枝；叶片中等大小；外稃较内稃宽，鳞被3~4；果实囊果状，果皮薄，易与种子分离 ……………………………………………………………………………… 慈竹属 Neosinocalamus Keng f.

1. 秆壁厚，常厚达1~2cm；秆节中下部每节上通常具粗壮主枝1~3枚；叶片常为大型；外稃等宽或宽于内稃，鳞被缺失或稀1~3；果实为颖果或坚果状。花丝分离，或仅基部稍有靠合，箨耳通常缺失；鳞被缺失或偶具1~3片 ………………………………………………………………………… 牡竹属 Dendrocalamus Nees

慈竹属 *Neosinocalamus*

地下茎合轴型。秆单丛，乔木状，但梢端纤细而作弧形下垂；节间圆筒形，长度中等，表面常生有疣基小刺毛，毛落后则留下凹痕及疣基小点；秆环平坦；箨环较显著，在其上下方（或仅在上方）均环生一圈绒毛环，尤以在秆基部各节最为明显；秆芽单生，扁桃形，贴生于节内。箨鞘革质，顶端弧拱至下凹，或呈"山"字形，背部多少被棕色刺毛；箨耳及鞘口繸毛俱缺；箨舌边缘呈流苏状；箨叶三角形至卵状披针形，易外翻，基部宽为箨鞘顶端的1/3~1/2。秆每节分多枝，丛生呈半轮状，主枝显著或不明显的较粗壮。末级小枝具数叶至多数叶；叶鞘无毛或被毛；叶耳及鞘口繸毛均缺；叶舌截形，边缘呈啮蚀状；叶片的小横脉在下表面微突出乃至不清晰。花枝常不具叶，成束而生，质地柔软，弯曲下垂；假小穗1~4枚生于花枝各节，成熟时棕紫色或古铜色；先出叶有时仅具1脊；苞片2或3，上方1片无腋芽亦无次生假小穗；小穗含3~5朵小花，上方小花渐小而不孕，成熟时小穗整体脱落；小穗轴节间甚粗短，不易在诸小花间折断；颖0~1，存在时形如外稃，具不明显的多脉；内稃远较小和较窄于外稃，背部具2脊，顶端裂为2短齿；鳞被1~4，彼此不同形，长圆状披针形，基部具脉纹，边缘可叉分并生纤毛；雄蕊6，有时可较少，花丝互相分离；子房被毛，花柱1，柱头常有长短不一的2~4分枝，均作羽毛状。果实纺锤形，上部生微毛，腹沟宽而浅，果皮薄，与种子易分离，使果实呈囊果状。染色体2n=72。笋期在秋季。

模式种：慈竹 Neosinocalamus affinis（Rendle）Keng f.

我国产2种、5变型，特产于我国西南各省及广东，尤以四川盆地最为常见。其中慈竹栽培最为广泛，贵州仅有慈竹 N. affinis（Rendle）Keng f. 1种。

慈竹 *Neosinocalamus affinis*

又称丛竹（湖北、贵州），绵竹（陕西）、甜慈、酒米慈、钓鱼慈（四川）。地下茎合轴型。秆丛生，高 8~13m，直径 3~8（10）cm，梢端细长作弧形向外弯曲或幼时下垂如钓丝状，全秆共 30 节左右，秆壁薄；节间圆筒形，长 15~60cm，径粗 3~6cm，表面贴生灰白色或褐色疣基小刺毛，其长约 2mm，以后毛脱落则在节间留下小凹痕和小疣点；秆环平坦，箨环显著；节内长约 1cm；秆基部数节有时在箨环的上下方均有贴生的银白色绒毛环，环宽 5~8mm，在秆上部各节之箨环则无此绒毛环，或仅于秆芽周围稍具绒毛。箨鞘革质，背部密生白色短柔毛和棕黑色刺毛（在其基部一侧之下方即被另一侧所包裹覆盖的三角形地带常无刺毛），腹面具光泽，但因幼时上下秆箨彼此紧裹之故，也会使腹面之上半部沾染上方箨鞘背部的刺毛（此系被刺入而折断者），鞘口宽广而下凹，略呈"山"字形；箨耳无；箨舌呈流苏状，连同繸毛高约 1cm 许，紧接繸毛的基部处还疏被棕色小刺毛；箨片两面均被白色小刺毛，具多脉，先端渐尖，基部向内收窄略呈圆形，仅为箨鞘鞘口或箨舌宽度之半，边缘粗糙，内卷如舟状。秆每节有 20 条以上的分枝，呈半轮生状簇聚，水平伸展，主枝稍显著，其下部节间长可 10cm，径粗 5mm。末级小枝具数叶乃至多叶；叶鞘长 4~8cm，无毛，具纵肋，无鞘口繸毛；叶舌截形，棕黑色，高 1~1.5mm，上缘啮蚀状细裂；叶片窄披针形，大都长 10~30cm，宽 1~3cm，质薄，先端渐细尖，基部圆形或楔形，上表面无毛，下表面被细柔毛，次脉 5~10 对，小横脉不存在，叶缘通常粗糙；叶柄长 2~3mm。花枝束生，常甚柔。弯曲下垂，长 20~60cm 或更长，节间长 1.5~5.5cm；假小穗长达 1.5cm；小穗轴无毛，粗扁，上部节间长约 2mm；颖 0~1，长 6~7mm；外稃宽卵形，长 8~10mm，具多脉，顶端具小尖头，边缘生纤毛；内稃长 7~9mm，背部 2 脊上生纤毛，脊间无毛；鳞被 3，有时 4，形状有变化，一般呈长圆兼披针形，前方的 2 片长 2~3mm，有时其先端可叉裂，后方 1 片长 3~4mm，均于边缘生纤毛；雄蕊 6，有时可具不发育者而数少，花丝长 4~7mm，花药长 4~6mm，顶端生小刺毛或其毛不明显；子房长 1mm，花柱长 4mm 或更短，具微毛，向上呈各式的分裂而成为 2~4 枚柱头，后者长为 3~5mm（彼此间长短不齐）羽毛状。果实纺锤形，长 7.5mm，上端生微柔毛，腹沟较宽浅，果皮质薄，黄棕色，易与种子分离而为囊果状。笋期 6—9 月或自 12 月至翌年 3 月，花期多在 7—9 月，但可持续数月之久。

主产于遵义、赤水、铜仁等地。生于海拔 1 200m（云南可达海拔 1 800m）以下的平原、丘陵的江河沿岸、山脚及村庄附近，也见于与乔木树种组成的第二林层中。庭园中也常有栽培。

慈竹在产区是最普遍生长的竹种之一，现多见于农家栽培房前屋后的平地或低丘陵，野生者似已绝迹。用途广泛，秆可劈篾编结竹器，用作绞口尤佳，亦可用于简陋建筑物的竹筑墙，以及利用其竹筋和拌石灰粉刷墙壁；箨鞘可作缝制布底鞋的填充物；经过科学加工可作为制层竹原料。笋味较苦，但水煮后仍有供蔬食者。

牡竹属 *Dendrocalamus*

乔木状竹类（个别种可为半攀缘性）。地下茎合轴型。秆丛生，直立而略向外方倾斜，其梢端则常可下垂；节间圆筒形，秆壁厚（碟环慈组 Sect. Patellares 的种类例外），甚至近于实心；秆每节具多枝，主枝发达或否，不具短缩的枝刺。箨鞘脱性（或个别种在秆基部数节的能留存较久），多为革质；箨耳常不明显或不存在；箨舌较明显；箨片常外翻，少有直立的。末级小枝具多叶；叶鞘幼时被微毛，以后无毛；叶耳常不明显而叶舌发达；叶片大小在同一种或同一植株上亦可变异较大，通常为大型而甚宽，基部楔形或宽楔形，小横脉明显或否，或以透明微点代替之；叶柄短。花枝无叶或有时具叶，常可多分枝而呈大形圆锥状；假小穗以数枚乃至多数枚丛生于花枝及其分枝之各节，多枚者有时密集成头状或球形；苞片1~4片，最上方1片腋内常无芽；小穗卵形至钻形，含1朵（我国不产）乃至多朵小花，顶生小花常不孕或退化；小穗轴极短，（成熟时有些种类的可稍延伸而使小花彼此疏离），无关节，故不在诸小花间逐节折断而仅脱节于颖下；颖通常1~3片，卵圆形，具多脉，先端急尖或具短的小尖头；外稃似颖，但较大，向小穗顶端逐次渐变窄长，有时先端具芒刺状小尖头；内稃在下方小花中具2脊，而最上1朵两性小花（或仅具一朵小花者）无2脊，甚至背部圆卷，或稍可具脊，则其脊上无毛，此外也有的种类之内稃均具2脊；鳞被常缺，或有时具1~3片退化鳞被；雄蕊11，花丝分离或其基部有时能作各式的靠接，但仍易分离，花药的药室之上下两端稍有分离或药隔向上伸出为微小尖头；子房球形或卵形，体被柔毛，子房柄短或无；花柱与柱头单一（个别种柱头可为2或3枚），后者常弯曲，具羽毛状毛茸。果小形，亦可呈坚果状而较大，卵形或长椭圆形，果皮薄而为囊果状（麻竹亚属）乃至厚坚而为坚果状（牡竹亚属）。笋期多在夏末至初秋。

模式种：牡竹 *Dendrocalamus strictus*（Roxb.）Nees

原产地在印度。我国产38种、4变种、9变型，产于我国南部和西南部，分布于福建南部、台湾、广东、香港、广西、海南、四川、贵州、云南和西藏南部等省区，其中尤以云南的种类最多。贵州产5种2变型。

分种检索表

1. 秆梢端长下垂，常作长丝状；分枝较高，主枝不明显或仅有1主枝；叶片较宽大；小穗常无刺状尖头。

  2. 秆高常在15m以上，径10cm以上；箨舌先端具锯齿或全缘，稀具流苏状纤毛；小穗先端钝或截平，含2~8花，成熟时各花间向两侧开展；秆箨背面无毛或具早落之小刺；小穗较宽大；秆节间幼时无毛，密被白粉；叶舌高1~2mm；小穗长1.2~1.5cm；秆生长正常，无畸形节间。

    3. 秆节间绿色，无异色纵条纹；枝节间无毛；箨鞘背面毛被宿存；内稃脊间具2~3脉 ·· 麻竹 *D. latiflorus* Munro

    3. 秆和枝条节间黄绿色，间有深绿色纵条纹；箨鞘新鲜时黄绿色至棕绿色，具淡黄色纵条纹 ············· 美奴麻竹 *D. latiflorus* f. *mei-nung*（W. C. Lin）T. P. Yi

  2. 秆高15m以下，径4~8cm；箨舌先端常具纤毛或流苏状纤毛。

    4. 秆节间幼时被小毛刺；箨片腹部被小毛刺；箨耳波状皱曲，宽2mm，边缘继毛长0.5~1cm，箨舌先端具长1.5~2cm流苏状毛 ··············

    ·· 荔波吊竹 *D. liboensis* Hsueh et D. Z. Li

    4. 秆节间幼时除仅在箨环下方及节内被绒毛环外，其余无毛，或节间初时全面无毛；腹面被小刺毛或无毛。

5. 叶片长（6）8~12（24）cm，宽（0.8）1.2~1.8（2.8）cm；秆节间幼时微被白粉。

6. 秆节间全为绿色，无异色纵条纹；箨鞘新鲜时及叶片亦无异色纵条纹 …………………………………… 黔竹 *D. tsiangii*（McClure）Chia et H. L. Fung

6. 秆节间淡黄色，具绿色纵条纹 ………………………………………………… 花黔竹 *D. tsiangii* 'viridistriatus' X. H. Song ex Hsueh et D. Z. Li

5. 叶片长20~25cm或更长，宽大3cm以上；秆节间幼时密被厚白粉或薄白粉；箨舌高达8~10mm，边缘流苏状毛长5~10mm。

7. 箨耳极小，长约3mm，宽1mm，早落；花枝节间被锈色柔毛；颖果长圆状卵形 ………… 吊丝竹 *D. minor*（McClure）Chia et H. L. Fung

7. 箨耳及鞘口两肩继毛均缺失；花枝节间密被白粉和短柔毛；颖果锥状卵圆形 ………………… 梁山慈竹 *D. pulverulentus* Chia et But

麻竹 *Dendrocalamus latiflorus*

又名甜竹（广东）。地下茎合轴型。秆丛生，秆高15~25m，直径15~30cm，梢端长下垂或弧形弯曲；节间长45~60cm，幼时被白粉，但无毛，仅在节内具一圈棕色绒毛环；壁厚1~3cm；秆分枝习性高，每节分多枝，主枝常单一。箨鞘易早落，厚革质，呈宽圆铲形，背面略被小刺毛，但易落去而变无毛，顶端的鞘口部分甚窄（宽约3cm）；箨耳小，长5mm，宽1mm；箨舌高仅1~3mm，边缘微齿裂；箨片外翻，卵形至披针形，长6~15cm，宽3~5cm，腹面被淡棕色小刺毛。末级小枝具7~13叶，叶鞘长19cm，幼时黄棕色小刺毛，后变无毛；叶耳无；叶舌凸起，高1~2mm，截平，边缘微齿裂；叶片长椭圆状披针形，长15~50cm，宽2.5~13cm，基部圆，先端渐尖而成小尖头，上表面无毛，下表面的中脉甚隆起并在其上被小锯齿，幼时在次脉上还生有细毛茸，次脉7~15对，小横脉尚明显；叶柄无毛，长5~8mm。花枝大型，无叶或上方具叶，其分枝的节间坚硬，密被黄褐色细柔毛，各节着生1~7枚乃至更多的假小穗，形成半轮生状态；小穗卵形，甚扁，长1.2~1.5cm，宽7~13mm，成熟时为红紫或暗紫色，顶端钝，含6~8朵小花，顶端小花常较大，成熟时小花能广张开；颖2片至数片，广卵形至广椭圆形，长约5mm，宽约4mm，两表面之上部均具微毛，边缘生纤毛；外稃与颖类似，黄绿色，唯边缘之上半部呈紫色，长12~13mm，宽7~16mm，具多脉（29~33条），小横脉明显；内稃长圆状披针形，长7~11mm，宽3~4mm，上半部呈淡紫色，脊间2或3脉，两脊外至边缘各有2脉，脊上及边缘均密生细长纤毛；鳞被不存在；花药黄绿色，成熟后能伸出小花外，长5~6mm，药隔先端伸出成为小尖头，其上还生有微毛；子房扁球形或宽卵形，上半部散生白色微毛而下半部无毛，具子房柄，有腹沟，其长约7mm，花柱密被白色微毛，柱头单一，与花柱间无明显界线，偶有柱头2枚。果实为囊果状，卵球形，长8~12mm，粗4~6mm，果皮薄，淡褐色。笋期5—11月。花期多在夏秋季节。

产于兴义、安龙、册亨、望谟、水城、关岭、荔波、罗甸等地。生于海拔500~800m，个别生于海拔1 000m，栽植与村前屋后或山脚平地。

本种是我国南方栽培最广的竹种，笋味甜美，可鲜食，也可制笋干或罐头。笋期长，产量高，商品价值高。甚至远销日本和欧美等国。秆供建筑或劈篾编制竹器，叶片为斗笠、船篷、包装等用。庭园栽植，观赏价值也高。

美奴麻竹（中国台湾） *Dendrocalamus latiflorus* f. *meinung*

本栽培型与原栽培型很接近，但以秆与枝条均为黄绿色而在节间夹杂有深绿色纵长的细条纹，以及箨鞘为黄绿至棕绿色，其上亦有数条纵行的淡黄色细条纹，与之不同。

产于福建福州，中国台湾、贵州、云南。

与原栽培型有同样的广泛用途，而且笋亦味美可食。

荔波吊竹 *Dendrocalamus liboensis*

又名吊竹。秆高 12~15m，直径 6~9cm，梢端下垂；节间长 32~36cm，幼时密被淡褐色小刺毛和白粉，秆壁厚 8~13.5mm；节内长 6~8mm，在其间及各节下方均具一圈绒毛环；分枝始于秆的第六节或第七节，秆每节生多枝，主枝 1，发达，长 3~5m。箨鞘早落性，革质，背部贴生棕黑色刺毛，先端鞘口宽 3~5cm；箨耳波状皱缩，宽 2mm，其上具长为 0.5~1cm 的繸毛，箨舌高 2~3mm，先端具流苏状长繸毛；后者长 1.5~2cm；箨片外翻，长 12cm，宽 1.5cm，腹面被小刺毛，基部向内收窄，其宽度为箨鞘口部宽的 1/3。末级小枝具 3~9 叶；叶鞘无毛；叶耳无；叶舌高 1mm；叶片的大小有变化，长 8~40cm，宽 1.5~8.5cm，次脉 6~14 对。

荔波特产。在县城周围的城乡栽培较多。

黔竹 *Dendrocalamus tsiangii*

又名钓鱼竹（贵州贵阳、惠水），遵义单竹（遵义）。秆高 7~15m，直径 4~8cm，梢端长下垂；节间长 25~40cm，幼时被白粉，秆壁厚 1~4mm；节内长 5mm，初时与节下方均有一圈淡棕色绒毛环；分枝习性较高，自秆基部第七节至第十一节开始发枝，每节具多枝，主枝粗，明显。箨鞘早落性，厚纸质，长 16~20cm，背面贴生有淡棕色小刺毛；箨耳无；箨舌高 2mm，其边缘具 1cm 之繸毛；箨片外翻，易脱落，基部宽约为箨鞘口部宽的 1/3，背面无毛，腹面具白色短硬毛。末级小枝在节上近束生，无毛，全长可达 15cm，上端具 5~7 叶；叶鞘无毛，纵肋稍隆起，无叶耳；叶舌高 1~2mm，略凸起，边缘的形态略有变化，或波曲、或具细齿，稀或生有纤毛；叶片长圆状披针形，长 6~16cm，宽 1~2cm，无毛，先端渐尖，具 1 短而粗糙的芒状尖头，基部在枝下方的叶为圆形，枝上方的叶则为楔形，次脉 4~6 对，叶缘的一侧平滑，另一侧粗糙，小横脉仅在枝下方叶片的下表面稀疏可见；叶柄极短而无毛。花枝未见。笋期 7—8 月。

产于荔波、惠水等地，贵阳也有栽培。生于海拔 600~1 200m 的石灰岩山地，常为纯林或在阔叶林中混生。

笋可食用。竹篾柔软，韧性好，为编制凉席和器具的上等原料。秆的篾用价值颇高，用以编织的竹席在国内外享有盛誉，是贵州有名土特产之一。整竹或破开作藤蔓农作物支柱及棚架。

花黔竹 Dendrocalamus tsiangii ' viridistriatus'

本竹与原栽培型的区别在于秆淡黄色，具绿色纵条纹。

产于贵州荔波。

秆为黄色带绿色纵条纹，很美观，可在庭园栽培供观赏。

吊丝竹 Dendrocalamus minor

又名乌药竹（广东乐昌）。秆近直立，高 6~12m，直径 3~8cm，梢端作弓形弯曲或下垂；节间圆筒形，长 30~45cm，无毛，幼时密被白粉，尤以被箨鞘掩盖部分为甚；秆壁厚 5~5.6mm；秆环平坦；箨环稍隆起，常留有残存的箨鞘基部；分枝习性高，枝多条，束生于每节，主枝不很显著。箨鞘早落性，革质，鲜时为草绿色，呈圆铲状，背面被贴生棕色小刺毛，在基部尤甚；箨耳极小，长 3mm，宽 1mm，易脱落；箨舌高 3~8mm，边缘被细流苏状毛，其中以两侧的毛茸较长（为 6~8mm）；箨片外翻，卵状披针形或披针形，长 6~10cm，背面无毛，腹面的基部及两边缘均生有细小刺毛。末级分枝常单生，枝环显著隆起，节间无毛而有光泽，枝上端具 3~8 叶；叶鞘起初疏生小刺毛，以后则无毛；叶耳和鞘口䍁毛均无；叶舌高 1mm，上缘有细齿裂；叶片呈长圆状披针形，一般长 10~25cm，宽 1.5~3cm（但大型的可长达 35cm，宽 7cm），基部圆，先端细长渐尖，两表面均无毛，下表面近似有白粉，其色灰绿，次脉 8~12 对，小横脉在叶片下表面清晰可见。花枝细长，无叶，节间长 2~3.5cm，一侧稍扁或具宽的纵沟槽，被有锈色柔毛，尤以扁平或沟槽处为密集，每节着生假小穗 5~10 枚，小穗体扁，卵状长圆形，长约 1.2cm，宽 4~7mm，鲜时呈紫茄色，干后变为棕黄色，含小花 4 或 5 朵，先端张开；颖通常 2 片，宽卵形，长 6mm，宽 4mm，无毛或近于无毛，边缘生纤毛；外稃纸质或稍变硬，广卵形或心形，长 9~11mm，宽 5~6mm，近于无毛（上部小花者疏生微毛），先端尖，具小尖头及不明显的多条纵脉，边缘具纤毛；内稃质薄，窄披针形，长 6~8mm，宽 2mm，背面疏生细毛，边缘及两脊上均具纤毛，脊间有不明显的 3 脉，先端锐尖（原记载为截形，有误）；花药黄色；长 5~6mm，药隔向上伸出成为具毛的小尖头，在小花成熟时，整个花药能伸出花外；雌蕊除基部外遍体生细绒毛，子房卵形，花柱细长，柱头单一，常卷曲，具帚刷状毛茸。果实长圆状卵形，长约 5mm，直径 3.5mm，先端具喙，其上还生成小刺毛，其余各处则无毛。果皮棕色，上半部质较硬，其色较淡而有光泽，下半部质薄，色深而晦暗并具腹沟。笋期 7—8 月，花期 10—12 月。

产于册亨、荔波等地。生于海拔 300~500m 的石灰岩地、山脚、村旁等。

笋可供食用，竹材供农用，竹篾供编织各种器具及农具等用。

梁山慈竹 Dendrocalamus farinosus

又名大叶慈（云南富民）吊竹、钓竹（广西），大叶竹（云南禄劝、四川会东），瓦灰竹（云南武定、四川会东）、锦竹。秆直立，高 7~12m，直径 4~8cm，秆梢弯曲或略下垂；节间长 20~45cm，幼时被白粉，光滑无毛，秆壁厚 4~10mm；箨环附有箨鞘基部残留物；秆环微隆起，在两者的上下方幼时各生有一圈金色绒毛环，成长后则此绒毛环便消失；节内长 3~5mm；分枝习性高，通常在秆第十节始有分枝，每节以多枝簇生，主枝明显，长 1~2.5m，直径 4~12mm。箨鞘呈长圆的三角形，稍短于或等长于其节间，鲜时棕红色，以后渐变为淡褐色，厚纸质至革质，背面具长为 1~2mm 的棕色小刺毛，腹面无毛而有光泽，边缘膜质，在外缘和内缘的上部均生有纤毛，鞘顶端截平或微下凹；箨耳无；箨舌极发达，截形，边缘为不整齐的细裂成为缝毛，毛长 7~10mm，其尖端甚柔弱；包括缝毛在内全长 13mm；箨片较小，外翻，长披针形，4~12cm，宽 5~12mm，背面无毛而具纵肋，腹面和边缘均很粗糙，基部略向内收窄，先端渐尖。末级小枝具 4~12 叶，叶鞘光滑无毛，长 4.5~8cm；叶耳与鞘口缝毛俱无；叶舌截形，高 1~1.5mm；叶片披针形，质薄，大小有变化，一般长 9~33cm，宽 1.5~6cm，上表面有光泽，下表面被白色微毛，叶缘粗糙或其一边近于平滑；次脉 5~11 对，小横脉存在但不明显；叶柄长约 2mm。花枝无叶，呈鞭状下垂，长 30~40cm，节间长 2.5~5cm，密被白粉及细毛，着生假小穗之一侧基部稍扁平，每节丛生 7~20 枚假小穗，每丛的直径为 1.4~2.5cm，其下方托以 2 至数片苞片，后者深棕色，边缘生纤毛；小穗含 3~5 朵小花，长圆状倒卵形，长 8~14mm，宽 3~6mm，紫褐色，先端钝，小穗轴节间长约 1mm，密被白色微毛；颖 2 至数片，长 6~8mm，宽 5~8mm，背面及边缘均生细毛，具 16 脉，先端尖；外稃宽卵形，长 7~10mm，宽 6~8mm，背面被微毛，先端具短尖头；内稃长约 7mm，较外稃宽甚，具 2 脊，脊上生纤毛，脊间宽 1.5mm，其内具 2 或 3 脉，背面被细毛，先端钝圆；花丝长 8~12mm，花药黄色，长 3~5mm，药隔伸出成 1 针状小尖头；子房卵形，长约 1.5mm，遍体密被黄色细柔毛，基部具长约 1mm 的柄，花柱长约 1mm，柱头 1~3，长 2~3mm，密生细毛。果黄色，无毛而光滑，先端具喙。笋期 9 月，花期 9 月。

产于遵义、赤水、道真、罗甸等地。生于海拔 400~1 200m 的山脚、路边、村旁、江河两岸、平地、丘陵地、浅山地和房舍附近，尤石灰岩地区分布最多。

笋可鲜食。秆作各种柄具或秆具及棚架等材料，亦能劈篾编结各种竹器。破篾供编织竹器。竹篾供编制凉席等用、嫩竹供造纸原料。竹丛秀丽，可为庭园绿化竹种。

倭竹族 Trib. SHIBATAEEAE

小乔木状或灌木状竹类。地下茎单轴或复轴型，具真鞭。秆和枝条的节间呈圆筒形或在有枝的一侧之节间下部多少扁平或具明显的沟槽，有时秆下部的节间可略呈四棱形或枝条的节间可为三棱形；秆节具单芽或并列 2 或 3 芽，以后每节分 1~3 枝或数枝。秆箨大都早落（寒竹属某些种可宿存）。叶片常具显著的小横脉。花枝单纯不分枝，或可分枝而呈总状或圆锥状，有时小枝与假小穗混合生在同一节上，基部有 1 先出叶和 0 至数苞片；假小穗以 1 至数枚着生在缩短的末级花枝各节之苞片（或佛焰苞）腋内，亦可直接生于具叶小枝的下部各节，偶或单生于枝顶，其中侧生的无小穗柄，而顶生者则以小枝顶端的那段节间充作其柄；每个假小穗基部还有 1 片先出叶及 0~8 苞片，后者全部或部分的腋内生有潜伏芽或由此芽萌发而成的次生假小穗；小穗含数朵至多朵小花，顶端小花形小而为不孕性，有时基部小花亦为不孕性而在其外稃内生有发育不良的小型内稃以及类似芽状的小花之其他部分；颖 0~3；外稃膜质乃至革质，先端常为锐尖头，具多脉，亦可有小横脉；内稃具 2 脊；鳞被一般为 3 片；雄蕊 2~3，稀可 4~6，花丝细线形，互相分离；子房无毛，基部有时可呈柄状，花柱及柱头 1~3。果实多为颖果，稀可果皮肉质而于干燥后呈坚果状。

模式属：倭竹属 *Shibataea* Makino ex Nakai.

我国产唐竹亚族 Subtrib. Sinobambusinae Z. P. Wang4 属 84 种 6 变种 4 变型和倭竹亚族 Subtrib. Shlbataeinae Soderstrom et Ellis4 属 80 种 10 变种 77 变型。贵州产唐竹亚族 4 属 14 种和倭竹亚族刚竹属 *Phyllostachys* Sieb. et Zucc. 13 种 2 变种 4 变型。

分属检索表

1. 地下茎单轴型或复轴型，有在地中作长距离横走的真鞭；秆散生或兼小丛生，节间圆筒形或有时略呈四方形，但在分枝一侧有纵长沟槽及棱脊；秆每节分枝 2 枚、3 枚或 5~7 枚；小穗容易逐节断落，雄蕊 3 或 6 （**倭竹族** Trib. **SHIBATAEEAE** Nakai emend. Keng f. ）。

  2. 假小穗或假小穗丛无佛焰苞状苞片；秆每节分枝 3 （**唐竹亚族** Subtrib. Sinobambusinae Z. P. Wang）。

    3. 雄蕊 6 ·················· **大节竹属** *Indosasa* McClure

    3. 雄蕊 3。

      4. 秆节节内无一圈气生根刺；笋期在春季。

        5. 秆节间较长，其长度可达 50cm 或更长；箨环木栓质增厚，常显著隆起 ·················· **唐竹属** *Sinobambusa* Makino ex Nakai

        5. 秆节间较短，其长度可达 20cm 左右；箨环狭窄而薄，略隆起 ········· ·················· **筇竹属** *Qiongzhuer* Hsueh et Yi

      4. 秆节节内具一圈锐利的气生根刺；笋期在秋季 ················· ·················· **方竹属** *Chimonobambusa* Makino

  2. 假小穗或假小穗丛具早落或迟落的佛焰苞状苞片；秆每节分枝 1~7 （**倭竹亚族** Subtrib. *Shibataeinae* Soderstrom et Ellis）。雄蕊 3，秆中部各节上仅具芽 1 枚，秆每节分枝 2，一粗一细·················· **刚竹属** *Phyllostachys* Sieb. et Zucc.

唐竹亚族 Subtrib. Sinobambusinae

假小穗或假小穗丛无佛焰苞状苞片。

我国产 4 属 84 种 6 变种 4 变型，贵州产 4 属 14 种。

大节竹属 *Indosasa*

小乔木或灌木状竹类。地下茎单轴型。秆直立，散生；节间在有分枝之一侧具沟槽，后者长达节间的一半或更长，秆髓多少有些为屑状或海绵状而不为笛膜状；秆芽单生，秆中部每节通常分3枝，中间枝略粗于两侧者；秆环甚隆起或中度隆起。箨鞘脱落性，革质或薄革质，背面常被小刺毛，多无斑点；箨片大，呈三角形或三角状披针形，稀为带状披针形，直立或外翻。叶片通常较大，小横脉明显，呈方格状。花枝因反复分枝而呈圆锥状或总状，其分枝具叶或无叶；假小穗粗短或细长，常以1~3枚丛生于具叶小枝的下部各节，偶可单生于具叶枝条的顶端，侧生的假小穗无柄，在基部有1片先出叶及0~8片逐渐增大最后成为与颖相似的苞片，苞腋全部或部分具芽，或因芽的萌长而具次生假小穗；小穗含多朵小花，下部1~4朵有时不孕，但仍具发育不良的内稃和花的部分；颖1至数，与苞片相似；外稃形大而宽，具多脉；内稃较窄，与其外稃等长或稍短，先端钝，不裂缺，背部具2脊；鳞被3，彼此近相等；雄蕊6，花丝互相分离；子房长椭圆形或纺锤形，花柱短，柱头3裂，羽毛状。颖果卵状椭圆形，顶端具宿存的花柱基部而成一喙。笋期春季至夏初。

模式种：大节竹 Indosasa crassiflora McClure

原产越南北方。我国产25种2变种，主要分布在湖南、广东、广西、贵州和云南等省区。贵州产荔波大节竹和中华大节竹2种。

分种检索表

1. 秆箨具箨耳；秆高达10m或更高。

  2. 箨片直立或开展；秆节间被毛，无斑点；箨鞘背面无斑点；小枝具叶2~3枚；叶片下面无毛；箨舌稍呈圆弧形，高2~3mm ……………………………………… 荔波大节竹 *I. liboensis* C. D. Chu et K. M. Lan

  2. 箨片外翻；箨环无毛；秆节间幼时全面密被白粉；叶片长达22mm，宽达3~6cm，两面绿色 ……………… 中华大节竹 *I. sinica* C. D. Chu et K. M. Lan

荔波大节竹 *Indosasa lipoensis*

秆高10m，直径3~4cm，新秆密被短刺毛，无白粉；秆中部节间长30~40cm，秆髓为海绵状；秆环隆起，呈曲膝状；箨环无毛；秆中部每节分3枝，枝环隆起。箨鞘脱落性，背面红褐色或棕褐色，密被簇生状的棕色小刺毛；箨耳发达，两面均被短糙毛，继毛开展，作放射状，长7~9mm，卷曲；箨舌微呈拱形，高2~3mm，先端具短纤毛；箨片绿色，三角状披针形或窄三角形，直立或开展，两面均疏生小刺毛，边缘之下部可作波状皱褶，具小锯齿和刺毛。末级小枝具2~4叶；叶鞘无毛；叶耳小，疏生直立继毛，易晚落；叶片披针形或长圆状披针形，长8~15cm，宽1~2.3cm，两面均无毛，两边缘皆有小锯齿，次脉4或5对，小横脉明显。花未见。笋期3—4月。

产贵州荔波尧排。生于海拔590~620m的竹林中。

中华大节竹 *Indosasa sinica*

又名大眼竹、大节竹（广西）。秆高达18~25m，直径8~14cm，新秆绿色，密被白粉，疏生小刺毛，因而略粗糙，老秆带褐色或深绿色；秆中部节间长30~65cm，秆壁甚厚，中空小；秆环甚隆起，呈曲膝状；秆每节分3枝，枝近平展，枝环隆起。箨鞘背面绿黄色，干后黄色，具隆起纵肋，并密被簇生的小刺毛，在下半部尤密；箨耳发达，较小，两面均生有小刺毛，继毛卷曲，长 1~1.5cm；箨舌高 2~3mm，背部有小刺毛，先端微呈拱形，其上具纤毛；箨片绿色，三角状披针形，外翻，两面密被小刺毛，粗糙。末级小枝具 3~9 叶；叶耳发达，或有时不明显，继毛带紫色，长达 8mm，早落；叶片通常为带状披针形，长 12~22cm，宽 1.5~3cm，位于叶枝顶端的叶片有时宽达 5~6cm，两面绿色无毛，次脉 5~6 对，小横脉明显。假小穗以 2 或 3 枚集生或单生于具叶小枝的下部各节，形粗壮，长 4.5~13cm，无柄；苞片数片，逐渐增大，最后与颖或外稃相似，无毛，基部 1~3 片腋内无芽；小穗含小花多数；小穗轴节间粗壮，有关节，中空，长约 7mm，无毛；外稃近革质，长 1.2~1.5cm，先端尖，有光泽，无毛，但被明显的白粉，具多脉，小横脉不明显；内稃短于其外稃，长约 1cm，先端钝，背部具 2 脊，近无毛，纵脉不明显；鳞被长圆状，上半部透明膜质，下半部肉质，白色；花药紫色，长达 7mm，花丝白色；花柱 1，柱头 3 裂。颖果褐色，卵状椭圆形，长 8mm，宽 2mm，基部圆形、先端有宿存的花柱基部。笋期 4—5 月，花期 5 月。

产于荔波、榕江、雷山（雷公山）等地。生于海拔 400~800m 或 1 100m 的山坡林中和村旁等，成片生长或散生。

竹秆供制芦笙筒用、农用、小型建筑或棚架之用等。笋苦不能食。

唐竹属 *Sinobambusa*

灌木状至乔木状竹类。地下茎为单轴散生，有时复轴混生。秆直立，灌木状至乔木状；节间通常较长，圆筒形，在有分枝一侧的下半部扁平，偶见有沟槽，表面具纵脉；箨环木栓质，隆起，与秆环同高，节内凹陷，但在分枝之节秆环比箨环为高，且其节内的凹陷并不明显，幼秆芽外的先出叶之两脊具紫色茸毛；秆每节通常分 3 枝，有时可多至 5~7 枝，枝开展或斜举，粗细彼此近相等。箨鞘脱落性，革质至厚纸质，背面具刚硬耸立之庆基刺毛或近无毛，基部通常具密集之刺毛；箨舌弧状隆起，全缘，有时在中部具尖峰；箨片披针形，脱落性；箨耳发达或无，末级小枝具 3~9 叶，叶片披针形，具小横脉。花枝上部具叶或否，较纤细，可再次分枝而呈总状或圆锥状；假小穗通常单生于花枝的各节或顶端，侧生者基部具 1 先出叶；苞片 2 至数枚，向上逐渐增大而与外稃相类似，上部 1 或 2 片苞腋内有芽，此芽可萌生为次级假小穗；小穗长，含小花可达 50 朵以上，成熟时小穗轴逐节折断；颖通常缺，有时 1 片；外稃革质具纵脉，通常有小横脉，先端急尖，具小尖头；内稃与外稃同长或略短，背部具 2 脊，先端钝圆，脊上与先端通常生纤毛；鳞被（2）3 枚，膜质，具多脉，先端与边缘有纤毛；雄蕊 3，有时 2 或 4 枚，花丝分离，花药可外露；子房椭圆状，花柱 1，有时 2 或 3，通常较长，有时甚短，柱头 2 或 3，羽毛状，颖果。笋期在春季至初夏。

模式种：唐竹 *Sinobambusa tootsik* (Sieb.) Makino.

我国产 16 种、3 变种、1 变型。分布于浙江、江西、福建、台湾、湖南、广东、广西、四川、贵州、云南等省区。贵州仅产独山唐竹 *S. dushanensis* (C. D. Chu et J. Q. Zhang) Wen 1 种。

分种检索表

1. 箨鞘近呈三角形，先端狭窄，背面通常被有蜇人刺毛；秆的各节在节下方通长具有猪皮状的细凹纹，纵列不明显或不甚明显；幼秆无白粉，仅在节下方可有白粉；箨鞘边缘平滑无毛；叶片下表面无毛或短绒毛；箨鞘背面无斑块；箨片平整而不皱褶；末极小枝具2或3叶，叶舌高仅0.5~1mm，叶片下面无毛 ……………………………… **独山唐竹 S. dushanensis**（C. D. Chu et J. Q. Zhang）Wen

独山唐竹 *Sinobambusa dushanensis*

秆高10m，径粗2~5cm，初绿色无毛具细纵脉；节间长25~40cm，圆柱形，近分枝一侧扁平，节下方具猪皮状微小凹纹，壁厚；箨环呈环状的木栓质，高2mm，无毛或起初被刚毛，秆环隆肿与箨环近同高；节内长8mm。箨鞘革质，脱落性，先端向内收窄成为宽2cm之截平头，背面初为绿黄色或褐黄色，密被紫棕色疣基蜇人小刺毛，至鞘基尤密，边缘带紫色短刺毛；箨耳发达，椭圆状至镰刀状，长5~9mm，两面被棕褐色糙毛，边缘具长为8~15mm的紫褐色继毛；箨舌拱形或近截平，高2~3mm，近全缘，先端生紫色硬纤毛；箨片披针形，绿色并带紫色，直立或外翻，脱落性，长8~11cm，宽1cm许，先端渐尖，两边缘粗糙，具纵脉。秆每节分3枝，有时可多达7枝。末级分枝具2或3叶；叶鞘长50~55mm，无毛；叶耳通常不存在，有时发达，呈镰刀状伸出，其继毛波曲，长7mm，直立或斜出；叶舌高0.5~1mm，截平或略隆起；叶片质薄，披针形，长12~18cm，宽1~2cm，先端渐尖，基部渐收窄，两面无毛，叶缘的一边生小锯齿，另一边平滑，次脉5对，小横脉显著，构成网格状。花枝未见。笋期4—5月。

特产于贵州，产于贵州独山嘎豪寨。

筇竹属 *Qiongzhuer*

灌木状竹类。地下茎复轴混生型。秆直立；节间圆筒形或基部数节略呈方形，在有分枝一侧的节间略扁平，常具2纵脊和3沟槽，无毛或有时微具毛，秆下部节间实心或近实心；秆环不隆起乃至极度隆起而呈一圆脊，且在脊处有环痕，容易自环痕脆断。秆每节3芽，其芽在解箨后抽长，此时不贴秆或紧贴秆；秆各节常分3枝，或有时在以后成多枝，斜举乃至开展，可再分枝，小枝纤细。箨鞘早落，稀宿存性，厚纸质；箨耳缺；箨片退化，长不逾1cm。叶片披针形至狭披针形，小横脉清晰。花枝可一再分枝，形成圆锥状"花序"，若生于上部具叶分枝的各节，则花枝常不再分枝，各级分枝常与假小穗混生于同一节上；末级花枝的基部有一组向上逐渐增大的苞片。假小穗无柄（顶生者似具柄），基部有1片先出叶及0~5片苞片，上方的1~3片苞腋内具芽或有次生假小穗，末级次生假小穗的基部常仅有1片先出叶而无苞片。小穗含3~8朵小花，略为两侧扁；绿色或暗绿色；小穗轴脱节于颖之上及诸小花之间，其节间扁平，无毛，基部微被白粉；颖1~3片；外稃先端渐尖或长渐尖，无毛，7~9脉；内稃通常短于其外稃，先端钝或微有分2裂，背部具2脊；鳞被3，后方1片较狭窄，侧生的2，片较宽大；雄蕊3，花丝分离，花药黄色至紫色；子房倒卵形或椭圆形，无毛，花柱1，稍长，柱头 2，羽毛状。果实呈坚果状，果皮厚，革质，成熟时不为稃片所全包而部分外露。笋期春末至初夏。花果期夏季。

模式种：筇竹 *Qiongzhuea tumidinoda* Hsueh et Yi

原产四川。特产于我国，有 14 种。分布于湖北、湖南、广东、重庆、四川、贵州和云南等省（市）。生于海拔 1 200~2 200m 山地的常绿阔叶林下。贵州产 3 种。

分种检索表

1. 秆芽在每节上 3 枚，各位锥形；枝条在秆每节上 3 枚；小枝具叶 (1) 2~4 (5) 枚；秆高 3m 以上，直径达 1cm 以上；秆基部的节间为圆筒形或略呈四方形，秆下部不分枝处的秆环常不隆起或微隆起；叶鞘口部有数条直立的繸毛。
  2. 秆箨宿存；箨鞘背面疏被毛刺；秆的节间无毛 ………………………………
    …………………………………………………… 光竹 *Q. luzhiensis* Hsueh et Yi
  2. 秆箨早落性（柔毛筇竹 *Q. puberula* Hsueh et Yi 箨鞘迟落）。
    3. 秆节间幼时被微毛，在节的下方尤为明显；箨鞘背面被以棕色刺毛 ………
      …………………………………………… 柔毛筇竹 *Q. puberula* Hsueh et Yi
    3. 秆节间无毛；箨鞘背面无毛、近于无毛或仅底部被小毛刺；秆较粗，直径 1~3cm，节间无白粉，基部数节间有时略呈四方形；叶片下面被微毛 ……
      …………………………………………………… 平竹 *Q. communis* Hsueh et Yi

光竹 *Qiongzhuea luzhiensis*

秆直立，高 2.5~6m，直径 1~2cm；节间长 10~20cm，圆筒形或微呈四棱形，绿色，被白粉而无毛，在近分枝一侧具 2 沟槽，稀具 1 沟槽，秆壁厚 3~5mm，髓为粉质；秆环明显，无毛，光亮；箨环明显，初具散生的黄褐色硬毛和箨鞘基部残留物；节内长 1~3mm，无毛；秆芽圆锥形，长 4~5mm、黄褐色，光亮，被短柔毛；秆每节具 3 (5) 分枝，枝斜展，各枝节处微隆起，无毛。笋具紫褐色纵条纹，稀可被毛；秆箨宿存，箨鞘革质，红褐色或黄褐色，长三角形，先端截形，背面疏被棕色刚毛，纵脉明显，边缘密生棕色刚毛；无箨耳，鞘口缝毛 2 或 3 条，长 2~5mm，直立或微波曲，易脱落；箨舌截形，黄褐色，高约 1mm，初时边缘生短柔毛；箨片直立，三角形、线形或披针形，长 2~9mm，宽 1~2mm，基部窄于箨鞘之顶宽，紫褐色或黄褐色，无毛，纵脉明显，边缘常内卷。末级小枝具 2~3 (4) 叶；叶鞘长 3.5~5 (8) cm，边缘密生棕色纤毛；无叶耳；鞘口繸毛 3~5 条，长 3~5mm，灰色；叶舌截形，无毛，高约 1mm；叶片披针形，厚纸质，无毛，长 (7) 15~23 (30) cm，宽 (11) 16~20 (24) mm，次脉 5~7 对，小横脉明显，叶缘具稀疏细锯齿因而微粗糙。花枝未见。笋期 9—10 月。

特产于贵州六枝。产地生于海拔 1 700~1 900m 的阔叶林下。

笋味鲜美，供食用；秆用于造纸，亦可劈篾制作农用器用。

柔毛筇竹 *Qiongzhuea puberula*

秆直立，高 4~6m，直径 1.5~2.5cm；节间长 15~20cm，圆筒形或微呈四棱形，在分枝的一侧具沟槽，绿色或紫绿色，无白粉，幼时表面具短柔毛（在节下方尤密），微粗糙，秆壁厚2~5mm；秆环稍明显或在分枝节更明显，无毛，平滑光亮；箨环明显，棕色，初具棕色细刚毛；节内长1~3mm，无毛；秆每节分3（7）枝，枝条在节上方具短柔毛。笋紫色，被棕色刚毛；箨鞘迟落，革质，长三角形或近矩圆形，黄褐色，顶端平截或弧弯，背面被棕色刚毛，边缘密被棕色或黄褐色刚毛；无箨耳，鞘口缝毛2或3条，长1~4mm，灰白色，微波曲；箨舌截形或弧弯，棕色或紫褐色，无毛，高约1mm；箨片直立，三角形，长2~13mm，宽1~2mm，基部较箨鞘顶部为窄，幼时紫色，腹面在基部常具短柔毛，纵脉明显，干后边缘常内卷。秆芽紫色，三角状圆锥形，长3~5mm，被灰色短柔毛。末级小枝具2~4叶；叶鞘长3~4cm，边缘密生灰色纤毛；无叶耳，鞘口具缝毛3~5条，长3~5mm，灰色；叶舌截形或拱形，高约1mm，全缘；叶片披针形，纸质，无毛，长（4.5）10~15（19）cm，宽（6）10~16mm，上表面绿色，下表面灰绿色，次脉（3）4~5（6）对，小横脉明显，叶缘微具略粗糙的细锯齿。花果未见。笋期10月。

特产于六枝。生于海拔1 600m的山地。

笋味美，供食用；秆可用于编织竹器和供造纸原料。

平竹 *Qiongzhuea communis*

又名冷竹。秆高3~7m，直径1~3cm；节间长15~25cm，基部节间略呈四方形或圆筒形，平滑无毛，秆壁厚3~5mm；秆环在不分枝的节平坦或微隆起；节内长2~4mm。箨鞘早落，纸质或厚纸质，鲜笋时为墨绿色，解箨时为浅黄褐色，长圆形或长三角形，背部平滑无毛，有光泽，纵脉纹不甚明显；无箨耳；箨舌高约1mm；箨片三角形或锥形，长5~11mm，无毛，纵脉纹明显，基部与箨鞘顶端连接处有明显的关节，故易脱落，边缘常内卷；秆每节常具3枝，枝环隆起。末级小枝具1~3叶；叶鞘革质，无毛而略有光泽，背部上方具1纵脊和多数纵肋，长2~4cm；叶耳缺，但在鞘口有直立缝毛数条，其长为3~7mm；叶舌低矮，高约1mm，截形，上缘无缝毛；叶柄长2~3mm；叶片披针形，长（5）8~12cm，宽（8）13~20mm，纸质，上表面深绿色，无毛，下表面淡绿色，具微毛，次脉4或5对，小横脉清晰，边缘的一侧密生细锯齿而粗糙，另一侧则具疏细锯齿或平滑；花枝可反复分枝，无叶或部分分枝顶端具叶，分枝常与假小穗混生于同一节，末级花枝基部托以向上逐渐增大的苞片，有假小穗2~4枚；侧生假小穗只有先出叶而无苞片；小穗含（3）5~7朵小花，绿色或绿带紫色，粗壮，微作两侧扁，长2~3cm，宽4~5mm；小穗轴节间长3~5mm，在具小花的一侧扁平，上部微被白粉；颖1或2（3）片，逐渐增大，长7~13mm，无毛，具7~11脉，先端渐尖；外稃长8~13mm；内稃长7~11mm，脊的上部生小纤毛，脊间纵脉纹不清晰，先端钝圆或二裂；鳞被中后方1片披针形，前方2片阔卵形，长1~2mm，透明膜质，无毛或上部边缘生短纤毛；花药黄色，长5~6.5mm，基部稍作箭镞形；子房椭圆形，长约1.5mm，无毛，花柱1，长约0.8mm，柱头2，长2~3mm，白色，羽毛状。果实呈坚果状，椭圆形，长9~13mm，直径4~7mm，暗绿色，光滑无毛，顶端不具宿存花柱，果皮厚1~1.5mm。笋期5月，花期3月，果期5月。

产于湄潭、都匀等地。生于海拔1 600~2 000m的阔叶林或针叶林下，也可形成纯竹林。

笋供食用，味鲜美，蔬食佳品。篾质柔软，韧性强，适于编织竹席，幼竹可供造纸和槌作建筑用的竹麻。

方竹属 *Chimonobambusa*

灌木状或少小乔木状竹类。地下茎为复轴型。秆高度中等，中部以下或仅近基部数节的节内环生有刺状气生根；不具分枝的节间圆筒形或在秆基部者略呈四方形，其长度一般在20cm以内，当节具分枝时则节间在具分枝的一侧有2纵脊和3沟槽（系与秆每节具3主枝相呼应），秆环平坦或隆起；箨环常具箨鞘基部残留物；秆芽每节3枚，嗣后成长为3主枝，并在更久之后成为每节具多枝，枝节多强隆起。箨鞘薄纸质而宿存，或为纸质至厚纸质，此时则为脱落性，背面纵肋明显，小横脉通常在上部清晰可见，被小刺毛或少数种类无毛，并常具异色的斑纹或条纹，边缘生纤毛；箨耳不发达，鞘口偶或具繸毛；箨舌不甚显著，截平或弧形凸起；箨片常极小，呈三角锥状或锥形，长多不超过1cm，与箨鞘相连处常不具关节或略具关节。末级小枝具1~5叶；叶鞘光滑，但在外缘有纤毛；叶耳不发达，鞘口繸毛较发达；叶舌低矮；叶片长圆状披针形，基部楔形，先端长渐尖，中脉在上表面下陷，在下表面隆起，小横脉显著。花枝可一再分枝，形成总状或圆锥状"花序"，若生于上部具叶枝的下部各节时，则常不再分枝，分枝有时可与假小穗混生于节上，末级花枝的基部有一组逐渐增大的苞片；假小穗细长，侧生者无柄，顶生者以最上的一假花枝节间充作柄，基部有1片先出叶及0至数片逐渐增大最后与颖相似的苞片，部分苞腋具芽或由此芽发育成的次生假小穗；小穗含数朵至多数小花，其下方1或2朵不孕而于外稃内有小形的内稃及小花的其他部分，这些部分常类似一芽；颖1~3片，与外稃相似；外稃纸质，卵状椭圆形，先端尖锐，7~9脉；内稃薄纸质，与其外稃等长或稍短，背部具2脊，先端钝圆或微凹；鳞被3，膜质而近透明，边缘生纤毛，近外稃一侧的2片较大，成为形状相对称的一对；雄蕊3，花丝分离，细长线形，花药基部呈箭镞状；子房椭圆形，花柱短，2裂，柱头2，羽毛状；颖果，果实不为稃片所全包而外露，果皮厚，呈坚果状。笋期秋季。花果期夏秋季。

模式种：寒竹 *Chimonobambusa marmorea* (Mitt.) Makino

我国产29种、1变种、3变型，分布于秦岭以南各地区及西藏东南部。但较集中的地区是在西南各省区。多生于林下。贵州产8种。

本属竹类多在9—11月出笋，笋叶鲜美，但制笋干时常会变黑，所以商品笋干还需加漂白这道工序。此外"方竹"是著名的观赏竹种，多植于著名的佛教寺院。其他种类的竹秆可用于造纸，以及农用和制作工艺美术品。

分种检索表

1. 箨鞘宿存性，薄纸质至纸质，长于其节间；秆节间为圆筒形；幼秆节间被淡黄色瘤基短刺毛和微毛；箨鞘背面无斑点或斑块 ⋯⋯ **雷山方竹** *C. leishanensis* T. P. Yi

1. 箨鞘脱落性，纸质至厚纸质，短于其节间（少数种类可例外）；秆节间为四方形或圆筒形；被有瘤基小刺毛。

  2. 箨鞘长于其节间。

3. 枝的各节之下方均具绒毛环；箨鞘背面在小刺毛脱落后不留有瘤基 ………
  …………………………………… **毛环方竹** *C. hirtinoda* C. S. Cao et K. M. Lan

3. 枝的各节之下方均无绒毛环；箨鞘背面在小刺毛脱落后留有瘤基（至少留
  有部分的瘤基）；箨鞘黄褐色，另具淡绿色或乳白色纵条纹 …………
  …………………………… **乳纹方竹** *C. lactistriata* W. D. Li et Q. X. Wu

2. 箨鞘长于其节间。

4. 末极小枝仅具 1 叶；叶鞘边缘紧裹，不易剥离 …………………………
  …………………………… **合江方竹** *C. hejiangensis* C. D. Chu et C. S. Chao

4. 末极小枝具 1~5 叶；叶鞘边缘包卷不很紧密，易剥离；箨片微小，呈锥状，
  通常长在 5~8mm 以下；秆的节间被瘤基刺毛，毛剥脱落后尚留有瘤基而使秆
  粗糙，尤以节间的上半部为甚。

5. 箨鞘背面具黄白斑块。

6. 叶片狭披针形至线形，宽达 9~12mm；地下茎节间实心；秆基部节间略
  呈四方形，幼时密被柔毛和稀疏刺毛；箨片长达 5mm；小枝具叶 1~4
  枚，叶片下面无毛 ……… **狭叶方竹** *C. angustifolia* C. D. Chu et C. S. Chao

6. 叶片披针形，宽达 11~21mm；地下茎节间中空。

7. 秆在 1~3 年内仍密被白色柔毛，箨环上的白色绒毛长期不落；叶片上
  面深绿色，下面灰绿色 …………… **金佛山方竹** *C. utilis* (Keng) Keng f.

7. 秆仅在幼时被黄褐色小刺毛，以后渐变为无毛；箨环初期被黄褐色绒
  毛，以后毛脱落，亦渐变为无毛；叶片两面均为深绿色 …………………
  …………………………… **刺竹子** *C. pachystachys* Hsueh et W. P. Zhang

5. 箨鞘背面无异色斑块；幼秆节间白粉；秆在节内无毛；箨鞘背面密被小刺
  毛，小横脉不甚明显；秆中等高，基部节间略呈四方形；箨片与箨鞘之间
  无关节；叶片长 20~23cm，宽 1.5~2cm ……………………………
  …………………………… **云南方竹** *C. yunnanensis* Hsueh et W. P. Zhang

雷山方竹 *Chimonobambusa leishanensis*

又称八月竹。秆高 1.5~3m，直径 0.6~1cm，直立；节间长 (4) 14 (17) cm，圆
筒形，但在分枝一侧扁平，并具 3 沟槽和 2 纵脊，初时被淡黄色瘤基短刺毛和微毛，最
后具宿存瘤基而稍粗糙，秆壁厚 3~4mm；秆箨开初具下向黄褐色小刺毛；节内高 1~
2mm，高中部以下每节具气生根刺 (2) 4~10 枚。箨鞘通常长于或有时短于节间长度，
宿存，薄纸质或纸质，背面被淡黄色瘤基刺毛，小横脉明显，边缘生淡黄色短纤毛；箨
耳缺失，鞘口缝毛缺失或每边具 1~3 枚缝毛；箨舌高约 1mm，具缘毛；箨片直立，长
0.6~2.8cm，宽 0.8~1.2mm。每小枝具 1~2 (3) 叶；叶鞘无毛，或偶在初时被灰色微
毛，边缘上部初时具纤毛；鞘口初时每边各具 (3) 6~13 枚直立缝毛，长 2~4mm；叶
舌高约 0.5mm，外面初时被灰色或淡黄色微毛；叶柄长 2~3mm；叶片披针形，长 (6)
11~20cm，宽 (0.9) 1.4~2.5cm，基部楔形，背面灰绿色，次脉 5~6 对，小横脉稍明
显，边缘疏生小锯齿。笋期 8 月。

产于雷公山。生于海拔 1 620m 左右的林下或林中空地。笋可食用。

毛环方竹 Chimonobambusa hirtinoda

秆高 5m 左右，粗 1.5~2.5cm，秆基部数节环生刺状气生根；节间略呈四方形，长13~14cm，幼时被小刺毛，毛落后在表面留有疣基，因而甚粗糙；秆环隆起；箨环留有箨鞘基部的残余，密被一圈金褐色绒毛环；秆每节分 3 枝，枝环很隆起，节下方亦被一圈金褐色绒毛环。箨鞘厚纸质，长于其节间，背面疏被少量贴生的棕色小刺毛，后者易脱落，纵肋明显，小横脉带紫色，边缘的中上部有黄褐色纤毛；箨舌低矮；箨片微小呈锥状，先端锐尖，长 1~2mm；末级小枝具 2 或 3 叶，叶鞘光滑无毛；叶耳不发达，鞘口缝毛存在，劲直，苍白色；叶舌低矮；叶片长圆状披针形，长 8~16cm，宽 12~15mm，先端长渐尖，基部宽楔形，次脉 4 或 5 对。花果未见。笋期 4—5 月。

产都匀。生于海拔 1 100m 的山坡竹林中。

笋味鲜美，可鲜食或加工为笋干及制罐头，同时竹株姿态优美，亦可作观赏竹种。

乳纹方竹 Chimonobambusa lactistriata

秆高 4~5m，粗 2~4cm，中下部各节环生刺状气生根 4~19 条；节间有钝四棱，略呈方形，长 11~13cm，幼时绿色并具紫色小斑点，疏生短的疣基刺毛，以后因疣基存于秆上而粗糙；箨环留有箨鞘基部及具紫色柔毛；秆环在具分枝之各节强烈隆起而呈脊状；枝实心，其节强烈隆起呈脊状。箨鞘脱落性，长于其节间，纸质（鞘的中上部逐渐变薄并有皱褶），幼笋时呈暗紫色，以后呈黄褐色，有淡绿色或乳白色的纵条纹，除秆下部箨鞘在背面疏生向上的淡褐色疣基刺毛外，秆中上部者均无毛，鞘缘密生淡黄色纤毛，小横脉明显，紫色；箨耳不发达；箨舌极矮小，拱形；箨片由箨鞘顶端向上收缩而成，呈小锥形。末级小枝具 4~9 叶；叶鞘疏松包裹，背部无毛，边缘有少量白色纤毛；叶耳不发达，鞘口缝毛仅数条，苍白色，脱落性，劲直，长 3~5mm；叶舌拱形，边缘生微小纤毛；叶片椭圆状披针形，长 8~17cm，宽 8~20mm，下表面具疏稀柔毛，向主脉的基部则密生细柔毛，次脉 4~6 对，小横脉尚明显，呈长方格状；叶柄短，两面密被细柔毛。笋期 10 月。

产于册亨、荔波、安龙等地。生于海拔 500~800m 的常绿阔叶林。笋供食用。

合江方竹 Chimonobambusa hejiangensis

又名菁竹、大竹。秆高 5~7m，粗 2~3cm，基部数节环生一圈刺状气生根；节间圆筒形，在具分枝的一侧略扁平且具沟槽，长 16~20cm，密被小疣基而粗糙；秆环稍隆起。箨鞘早落性，厚纸质或近革质，短于其节间，背部贴生棕色粗硬毛茸，向箨鞘基部尤为密集，呈毡状，此等毛茸易脱落，但在鞘表面留下凹痕，鞘缘密生整齐的纤毛，纤毛长 2~2.5mm；箨舌低矮，高约 1mm；箨片呈锥状披针形或三角状披针形，长 7~13mm。末级小枝仅具 1 叶；叶鞘紧裹，不易剥离；叶片纸质，长圆状披针形，长约 16cm，宽 1.5~2cm，先端渐尖，基部收缩成狭楔形，次脉 4 或 5 对，小横脉甚清晰。花枝反复分枝呈圆锥状排列，若生于顶端具叶的枝条之各节时则常不再分枝，每节具假小穗 1~3 枚；假小穗长 10~12cm，基部具 1 片先出叶及 5~6 片向上逐渐增大的苞片，除下方的 1 或 2 苞片无芽外，其余苞片腋内具芽或生有次生假小穗；小穗含 或 1 颖片及 8 或 9 朵小花；小穗轴节间细弱，长 10~14mm；外稃纸质，卵状三角形，先端具长尖头，纵脉 7~9 条；内稃薄纸质，几乎与其外稃等长，先端微凹，纵脉不明显；鳞被膜质；花丝纤细，花药基部呈箭镞状；子房卵状椭圆形，花柱 2，极短，柱头 2，羽毛状。颖果肾形或椭圆形，长 10~12mm，直径 3~5mm，花柱残留于果实顶端成喙，果皮厚约 0.5mm，淀粉丰富。笋期 8—9 月。

产于赤水、习水等地。生于海拔 700~1 200m 的锥栗林下或呈小片竹林。

笋供食用，竹秆供造纸及农用。

狭叶方竹 *Chimonobambusa angustifolia*

又名线叶方竹。秆高 2~5m，直径 1~2cm，下部的节内环生短刺状的气生根 9~14 条；节间略呈四方形或圆筒形，长 10~15cm，起初绿色，密生白色柔毛和稀疏刺毛，后变无毛而具细疣点及印痕；秆环较平，在有分枝的节处则甚隆起；箨环留有箨鞘基部的残余及淡褐色纤毛；秆每节分 3 枝，但亦有多枝者，枝条实心，其节处强烈隆起。箨鞘纸质至厚纸质，短于其节间，黄褐色，背面上部有大小不等的灰白色或淡黄色圆斑，下部则疏生淡黄色柔毛及小刺毛，鞘缘密生黄褐色纤毛，纵肋明显，小横脉紫色；箨耳不发达；箨舌截形或拱形，甚至强烈拱状上凸，全缘，有微小纤毛；箨片极小，锥状三角形，长 3~5mm，系由箨鞘顶端向上收缩而成。末级小枝具 1~3（4）叶；叶鞘无毛，鞘缘生易落的纤毛；叶耳缺；鞘口繸毛仅 3~5 条，长 3~5mm，直立，苍白色；叶舌低矮，呈拱形；叶片纸质或薄纸质，线状披针形至线形，长 6~15cm，宽 5~12mm，无毛，次脉 3 或 4 对，小横脉呈长方格状。笋期 8—9 月。

产于都匀、荔波、三都、雷公山、望谟、安龙等地。生于海拔 500~1 400m 的小溪边或阔叶林下或呈小片纯竹林。

笋供食用，竹秆供农用等，篾性较好，供编制竹器原料。

金佛山方竹 *Chimonobambusa utilis*

秆一般高 5~7m，最高可达 10m 以上，中下部各节均具刺状气生根，最多可达 30 条环列成一周，直径 2~3.5（5）cm；节间圆筒形或略为四棱形，长 20~30cm（秆基部的节间仅长 2.5~4.5cm），表面起初被白色刺毛，后渐变为无毛，秆壁厚约 7mm；箨环残留有箨鞘基部（成为褐黑色绒毛环）；秆环平坦乃至甚隆起，秆每节分 3 枝，近作水平方向平展。箨鞘薄革或厚纸质，脱落性，短于其节间，背面黄褐色，间以灰白色斑点，无毛，或仅基部具细微的白色绒毛，边缘均具淡黄色小纤毛；箨耳缺；箨舌低矮，全缘，略呈拱形，高 0.5~1.2mm；箨片极小，三角锥状，长 4~7mm，基部与箨鞘顶端连接处无明显关节。末级小枝具 1~3 叶；叶鞘长 3~6cm，无毛，鞘口繸毛稀少或不存在；叶舌低矮，高 1~2mm，先端截形或拱形；叶片质坚韧，披针形，长（5）14~16cm，宽（1）2~2.5cm，上表面深绿色，无毛，下表面灰绿色，次脉 5~7 对，小横脉呈扁方格状，叶缘之一侧具粗糙小刺毛；叶柄长 2~5mm。花枝常着生于顶端具叶的分枝之各节，基部托以 4~5 片向上逐渐增大的苞片；假小穗通常以 1 枚稀可较多地生于花枝各节之苞腋，侧生者仅有 1 片线形的先出叶而无苞片；小穗含 4~7 朵小花，长 25~45mm，枯草色或深褐色；小轴轴节间长 4~6mm，无毛；颖 1~3 片，长 6~9mm，具 7~9 纵肋；外稃卵状三角形，长 10~12mm，先端锐尖，无毛；内稃长 8~10mm，先端钝圆或微下凹，脊间具2~4脉，脊外至边缘具1或2脉；鳞被长椭圆状披针形，或近外稃一侧之2片呈对称的半卵圆形，长2~3mm，边缘无毛或其上部具纤毛；花药长5~6mm；子房卵圆形，无毛，花柱短，近基部即二裂，柱头羽毛状，长2.5mm；果皮厚1.5~2.5mm，呈坚果状，椭圆形，长1~1.5cm，直径6~8mm，新鲜时绿色，干燥后呈铅色，浸泡酒精中保存则转变为红褐色。花期4月。笋期8—9月。

我国西南地区特有竹种，产于遵义、道真、绥阳等地。生于海拔1 000~2 100m林下，可形成纯林。

竹秆为农用。笋味鲜美，供食用，可制笋干。

刺竹子 *Chimonobambusa pachystachys*

又称刺竹。秆高3~7m，粗1~3cm，中部以下各节环列一圈刺状气生根；节间圆筒形或近基部数节者略呈四方形，长15~22cm，幼时密被黄褐色绒毛，每节节的中上部还疏被以小刺毛，以后绒毛及小刺毛脱落，但留有小刺毛的疣基，因而粗糙；秆环平坦或在有分枝之节者稍隆起；箨环初具黄褐色小刺毛，以后渐变无毛。箨鞘纸质或厚纸质，迟落性，背面具有灰白色斑状及黄褐色小刺毛（有时因毛已落去而不显著）；箨舌截形，高约1mm；箨耳无；箨片呈锥状，长3~4mm，基部与箨鞘顶端相连处几无关节。末级小枝具1~3叶；叶鞘无毛，鞘口繸毛仅数条，易脱落；叶舌截形；叶片纸质，披针形，长6~18cm，宽11~21mm，先端长渐尖，基部圆或呈宽楔形，次脉4~6对。花枝常单生于顶端具叶的分枝各节上，基部托以3~4枚向上逐渐增大的苞片，或反复分枝呈圆锥状排列；假小穗在花枝的每节为1~3枚，侧生者无柄，仅有1线形的先出叶而无苞片；小穗有颖1或2片，含小花4~6朵；外稃纸质，背面无毛或有微毛，先端锐尖头；内稃薄纸质，较其外稃略短，先端钝，无毛；花药紫色；子房倒卵形，花柱短，近基部分裂为2柱头，羽毛状。颖果倒卵状椭圆形，果皮厚。笋期9月。

产于绥阳、沿河。生于海拔1 000~2 000m处常绿阔叶林下。

秆可供农用，幼秆加工可制纸和竹麻；笋可食。

云南方竹 *Chimonobambusa yunnanensis*

秆劲直，高达6~14m，粗2.5cm；节间呈四棱形或有时为圆筒形，长约20cm，表面起初贴生刺毛，以后毛脱落则留有印痕及疣基而甚粗糙，秆壁厚3~4mm；秆环平坦或在分枝的节处稍隆起；箨环上留有箨鞘基部残存物，并有一圈紫褐色绒毛环；节内具发达而下弯的刺状气生根；秆每节分3枝，枝环甚为隆起。箨鞘早落，厚纸质，短于其节间，背部被淡黄褐色小刺毛，纵肋明显，但小横脉不很清晰，鞘缘生黄褐色纤毛；箨舌不明显，高0.5mm，拱形，边缘生细小纤毛；箨片三角状锥形，长约3mm，基部与箨鞘相接处无关节。末级小枝具3叶，叶鞘光滑，鞘口两肩具数条白色繸毛，其长为4~5mm；叶舌高仅1mm；叶片纸质，长披针形，长20~23cm，宽1.5~2cm，先端长渐尖，基部楔形，次脉4或5对，小横脉清晰。

产于贵州。生于海拔1 600~2 200m的山中。

倭竹亚族 Subtrib. Shibataeinae

假小穗或假小穗丛下有迟落或宿存，并由叶鞘扩大而成的佛焰苞状苞片。
我国4属80种10变种77变型。贵州产刚竹属1属13种2变种4变型。

刚竹属 *Phyllostachys*

乔木或灌木状竹类。地下茎为单轴散生，偶可复轴混生。秆圆筒形；节间在分枝的一侧扁平或具浅纵沟，后者且可贯穿节间全长，髓呈薄膜质封闭的囊状，易与秆的内壁相剥离；秆环多少明显隆起，稀可不明显。秆每节分2枝，一粗一细，在秆与枝的腋间有先出叶，有时在此2枝之间或粗枝的一侧再生出第三条显著细小的分枝，秆下部的节最初偶可仅分1枝。秆箨早落；箨鞘纸质或革质；箨耳不见乃至大形；箨片在秆中部的秆箨上呈狭长三角形或带状，平直或波状或皱缩，直立至外翻。末级小枝具（1）2~4（7）叶，通常为2或3叶；叶片披针形至带状披针形，下表面（即离轴面）的基部常生有柔毛，小横脉明显。花枝甚短，呈穗状至头状，通常单独侧生于无叶或顶端具叶小枝的各节上（如生于具叶嫩枝的顶端、新生的开花植株或同一花枝再度开花时，则此等花序及小穗之变化极大，均不宜用作分类的依据），基部的内侧托以极小的先出叶，后者之上还有2~6片逐渐增大的鳞片状苞片，苞片之上方是大型的佛焰苞2~7片，在此佛焰苞内各具1~7枚假小穗，唯花枝下方的1至数片佛焰苞内可不生假小穗而有腋芽，花枝中不具假小穗的佛焰苞则常早落，致使花枝下部裸露而呈柄状，其腋芽于花枝上部的佛焰苞及其腋内的小穗枯谢后，还可继续发育成新的次生花枝或假小穗；佛焰苞的性质在许多方面与秆箨或枝箨相似，纸质或薄革质，宽广，多脉，有或无叶耳及鞘口缝毛，叶舌截平或弧形，有时两侧多少下延，具呈叶状至锥状的缩小叶（即退化的小形绿色叶片）；假小穗的基部近花枝的一侧常有一膜质具2脊的先出叶，有时此先出叶偏于假小穗基部的一侧时则背部仅有1脊，先出叶上方还有呈颖状的苞片，苞腋内亦可再具芽或次生假小穗；小穗含1~6朵小花，上部小花常不孕；小穗轴通常具柔毛，脱节于颖之上与诸孕花之间，常呈针棘状延伸于最上小花的内稃之后，此延伸部分通常无毛，其顶端有时尚有不同程度退化小花的痕迹；颖0~3片，其大小及质地多变化，广披针形至线状披针形，5至多脉，背部常有脊，先端锥尖，有时也有极小的缩小叶；外稃披针形至狭披针形，先端渐尖，呈短芒状或锥状，7至多脉，背脊不明显；内稃等长或稍短于其外稃，背部具2脊，先端分裂成2个芒状小尖头；鳞被3，稀可较少，椭圆形、线形或线状披针形，位于两侧者其形不对称，均有数条不明显的细脉纹，上部边缘生细纤毛；雄蕊3，偶可较少，花丝细长，开花时伸出花外，花药黄色；子房无毛，具柄，花柱细长，柱头3，偶可较少，羽毛状。颖果长椭圆形，近内稃的一侧具纵向腹沟。笋期3—6月，相对地集中在5月。

本属我国产70种、7变种、76变型，除东北、内蒙古、青海、新疆等地外，全国各地均有自然分布或有成片栽培的竹园。尤以长江流域至五岭山脉为其主要产地。仅有少数种系延伸至印度、越南，日本和朝鲜的本属植物均系早年由我国输入。欧洲、北非及北美也直接或间接地由我国引入栽培，并且成为若干种的模式产地。由于经济价值大，现在世界各地凡是本属植物能生长的地方，几乎都已有引种。贵州13种、2变种、4变型。

分种检索表

1. 秆中、下部的箨鞘背面具有密聚或稀疏的大小不等的斑点（在生长不良的瘦小秆上者，其箨鞘不可现斑点），箨片通常外翻或开展，笋期时在笋的上端为散开的，但亦可直立相互覆瓦状排列成为笔头状；地下茎（竹鞭）节间在横截面上无通气道或仅有几个分布不均匀的通气道 ⋯⋯⋯⋯ 刚竹组 Sect. *Phyllostachys*
2. 秆箨无箨耳及鞘口繸毛，箨鞘背面无刺毛（或仅在上部于脉间具微小刺毛），偶可疏生刺毛。
  3. 秆的节间表面在10倍放大镜下可见白色晶体状细颗粒或小凹穴，尤以节间的上部表面为密；秆环在秆下部不分枝的各节中不明显或低于其箨环（唯在瘦小秆侧秆环可较高）；箨舌在鲜时其边缘生有淡绿色或白色的纤毛。
    4. 秆节间全为绿色，无其他颜色纵条纹 ⋯⋯⋯⋯⋯⋯⋯⋯⋯⋯⋯ 刚竹 *P. sulphurea* var. *viridis* R. A. Young
    4. 秆节间绿黄色或黄色带绿色；秆下部节间绿黄色，具少数绿色纵条纹⋯ ⋯⋯⋯⋯⋯ 黄皮绿筋竹 *P. sulphurea robert young*
  3. 秆的节间表面无白色晶体状细颗粒或小凹穴，或仅在秆节的下方处可有。
    5. 幼秆中部的各箨环以及箨鞘背面基底密生短柔毛或稀疏的长刺毛。
      6. 秆基部或稍上部的各节间极为短缩，常呈不规则的肿胀而畸形，或节间正常，但在秆中下部各节间之上端仍有膨大（此膨大部分之长度约为1cm）⋯⋯⋯⋯ 罗汉竹 *P. aurea* Carr. ex A et C. Riv.
      6. 秆的各节间都正常，无畸形或膨大。
        7. 箨鞘的上部边缘在鲜时呈暗紫色，箨舌具长过箨舌高度的暗紫色长毛 ⋯⋯⋯⋯⋯⋯⋯⋯⋯ 红边竹 *P. rubromarginata* McClure
        7. 箨鞘的上部边缘在鲜时不呈暗紫色，箨舌边缘生有短于箨舌高度的白色或近白色的纤毛；幼秆的各箨环以及箨鞘背面的基底均生有短柔毛 ⋯⋯⋯⋯⋯⋯⋯⋯⋯ 毛环竹 *P. meyeri* McClure
    5. 幼秆中部的各箨环以及箨鞘背面的基底均无毛；箨舌较窄而高，其宽度不大于高的5倍，其基底与箨鞘连接处呈截形或上拱呈弧形，两侧不下延，当稀可下延是则箨鞘背面的上部在脉间生于微小刺毛，箨片通常平整，偶可波状起伏或微皱曲；箨鞘背面无微小刺毛或偶可在顶端的脉间有之，有时还可疏生刺毛；幼秆的节间无晕斑（老秆则可具紫斑）；箨舌初时在边缘生有白色短纤毛或偶可还混生几条长纤毛。
      8. 箨片三角形、披针形或线状披针形；箨鞘新鲜时上部两侧不先变为草黄色，箨暗褐色，先端上拱呈弧形；小枝具叶 2~3 枚 ……………………
…………………………………………………… 早园竹 *P. propinqua* McClure

　　8. 箨片呈带状或线状披针形，箨舌暗紫褐色，先端呈截型或微作拱形，
　　　 箨鞘鲜时淡紫褐色；幼秆被厚白粉 …………… 淡竹 *P. glauca* McClure

2. 秆箨有箨耳，耳缘生有繸毛，如果箨耳不发达，则具有鞘口繸毛，后者长在
　 5~10mm（美竹 *P. mannii* Gamble 有时可无箨耳及繸毛，但其箨鞘鲜时质地硬
　 脆，并在上部边缘呈紫红色），箨鞘背面多少被刺毛，稀无毛；幼秆节间无
　 斑点。

　　9. 箨耳微小，如近于无箨耳时，则箨鞘具有较长的鞘口繸毛，偶可箨耳较大而
　　　 呈镰形，此时其箨舌则密生有长达 8mm 以上的纤毛。

　　　10. 幼秆节间密被柔毛，秆环在不分枝的各节不明显或至少是低于箨环（在实
　　　　　生苗上或由母竹繁殖而尚未充分成长的细秆，则秆环可明显）；秆下部至
　　　　　基部的节间逐节向下依次缩短，甚至还可畸形肿胀；叶片较小长 4~11cm；
　　　　　秆节间幼时被细柔毛及厚白粉。

　　　　11. 秆节间全为绿色；秆下部无分枝正常节间横切面为浑圆形，即正常节间
　　　　　　 为圆筒形；秆高大，其秆环、箨环和节间均为正常，或在秆下部（甚至
　　　　　　 中部以下）则为畸形或有变异的若干节和节间；秆枝条下部正常大小，
　　　　　　 不呈瘤状隆起；秆的节和节间全部正常；秆下部至基部各节向下逐节增
　　　　　　 粗程度较缓 …………………… 毛竹 *P. eduls*（Carr.）H. de Lehaie

　　　　11. 秆节间黄色间有绿色纵条纹，或节间绿色间有黄色纵条纹；秆高大，乔
　　　　　　 木状，高度达 20m 以上，直径 20cm 以上，而以毛竹相近似；秆节间具
　　　　　　 有不规则相间互隔的绿色和黄色纵条纹 ……………………………………
　　　　　　 花毛竹 *P. eduls*（Carr.）H. de Lehaie f. *huamozhu*（Wen）Chao et Renv.

　　　10. 幼秆节间无毛或近于无毛，秆环在不分枝的各节也明显隆起，高于其箨环
　　　　　或与之为同高；箨鞘背面有斑点，无乳白色或绿色条纹，鞘口繸毛直立或
　　　　　呈放射状；幼秆无白粉或有不易察觉的极薄白粉；箨舌边缘的纤毛较短；
　　　　　箨鞘背面疏生刺毛乃至几不可见，箨片平直或偶可在顶部皱曲；箨环无
　　　　　毛；秆节间绿色。

　　　　12. 秆节间无异色斑点；幼时无白粉或被不易察觉的白粉；箨鞘背面疏被淡
　　　　　　 褐色刺毛 ……………………… 桂竹 *P. reticulata*（Ruprecht）K. Koch

　　　　12. 秆节间具紫褐色或淡褐色斑点 ……………………………………………
　　　　　　 ……… 斑竹 *P. bambusoides* Sieb. Et Zucc. f. *lacrima~deae* Keng f. et Wen

9. 箨耳显著，通常呈镰形，如果无箨或为小形时，则箨鞘的质地硬而脆，并在
　 箨鞘背面被有极为稀疏的小斑点，箨舌边缘所生的纤毛较短；幼秆节间被毛；
　 箨片直立，有波状起伏或可皱曲，常在笋尖聚集成笔头状。

　　13. 箨舌矮而宽，其宽度约为高的 10 倍，边缘较完整，不作撕裂状，箨鞘草
　　　　质，其质地硬而脆，上部边缘为紫色 …………… 美竹 *P. mannii* Gamble

　　13. 箨舌较高，边缘常作撕裂状，箨鞘的边缘部位紫色。箨鞘新鲜时为淡红褐

色或紫黄色，背面无乳白色或灰白色的纵条纹。

    14. 箨鞘背面疏生小刺毛，箨舌截形或微作拱形 ……………………

        …………………… 贵州刚竹 *P. guizhouensis* C. S. Chao et J. Q. Zhang

    14. 箨鞘背面被以较密的淡褐色小刺毛，箨舌强隆起成弧形或作山峰状
        隆起。

      15. 秆节间初时为淡淡绿色，以后逐渐变为紫黑色 …………………

        …………………… 紫竹 *P. nigra* (Lodd. ex Lindl.) Munro

      15. 秆节间始终未淡绿色……毛金竹 *P. nigra* (Lodd. ex Lindl.) Munro

            var. *henonis* (Mitford) Stapf ex Rendle

1. 秆中下部的箨鞘背面无斑点，箨片直立，平整，笋期常在笋尖端自下而上相互
  覆瓦状排列而呈笔头状；地下茎（竹鞭）节间在横截面上用肉眼即可见有一圈
  环列的的通气道；秆箨有箨耳，后者呈三角形、镰形或卵形组 …………………

    …………………… 水竹组 Sect. *Heterocladae* Z. P. Wang et G. H. Ye

    16. 箨舌窄而高，在标本上其宽度通常不超过高的 8 倍，先端细裂成粗长的纤
      毛；箨鞘新鲜时避免不具纵条纹，如有条纹时亦不是乳白色或淡黄色的；箨
      鞘绿色或黄色，并带以紫色，箨舌截形或边缘为拱形；幼秆节间无毛；一、
      二年生的主枝在箨环上密生锈色毛茸 …………… 毛环水竹 *P. aurita* J. L. Lu

    16. 箨舌宽而矮，宽度为其高度的 8 倍以上，先端生短纤毛。

      17. 箨耳较大，呈三角形或窄镰形；秆在箨环上常密生柔毛或硬毛，稀可无
        毛；末极小枝常具 1 或稀具 2 叶；箨耳三角形，由箨片基部自其两侧向外
        延伸而成；秆节间中空，绿色，无异色纵条纹。

        18. 秆箨箨鞘背面有毛 …………………………… 篌竹 *P. nidularia* Munro

        18. 秆箨箨鞘背面无毛；秆箨箨耳三角形或其末端伸出为镰形 …………

          …………… 光箨篌竹 *P. nidularia* Munro f. *glabrovagina* (McClure) Wen

      17. 箨耳小，呈卵形，若稀可较大而呈镰形时，则秆的箨环均无毛；秆环较平
        坦，与箨环同高；箨鞘先端无白色放射状条纹；秆绿色，节间中空，生长
        正常；秆箨的箨片绿色或绿紫色 ………………… 水竹 *P. heteroclada* Oliv.

刚竹组 Sect. *Phyllostachys*

  地下茎（竹鞭）无通气道，或偶可有少数通气道。秆的节内一般长约 3mm。箨鞘
通常有斑点或只在小笋中可无斑点；箨片披针形，线形或带状，外翻，平直或皱曲，在
笋的上部散开，偶可不散开而呈笔头状，箨片基部狭于箨舌。花枝穗状；佛焰苞之缩小
叶呈小形叶片状；小穗长 2.5～3.5cm，稀可较短 [如紫竹 *P. nigra* (Lodd.) Munro]；
外稃长 1.5～2.5cm（紫竹可能较短）；花药长 7～15mm；花柱长在 10mm 以上。

  贵州产 10 种、2 变种、3 变型。

刚竹 *Phyllostachys sulphurea* var. *viridis*

  秆高 6～15m，直径 4～10cm，幼时无毛，微被白粉，绿色，成长的秆呈绿色或黄绿
色，在 10 倍放大镜下可见猪皮状小凹穴或白色晶体状小点；中部节间长 20～45cm，壁

厚约5mm；秆环在较粗大的秆中于不分枝的各节上不明显；箨环微隆起。箨鞘背面呈乳黄色或绿黄褐色又多少带灰色，有绿色脉纹，无毛，微被白粉，有淡褐色或褐色略呈圆形的斑点及斑块；箨耳及鞘口繸毛俱缺；箨舌绿黄色，拱形或截形，边缘生淡绿色或白色纤毛；箨片狭三角形至带状，外翻，微皱曲，绿色，但具橘黄色边缘。末级小枝有2~5叶；叶鞘几无毛或仅上部有细柔毛；叶耳及鞘口繸毛均发达；叶片长圆状披针形或披针形，长5.6~13cm，宽1.1~2.2cm。花枝未见。笋期5月中旬。

黄河至长江流域及福建均有分布。贵州分布在盘州等地。根据生物学的观点，本栽培型应为原型，但因其命名晚于金竹 Phyllostachys sulphurea （Carr.） A. et C. Riv. 故只能作为金竹下的栽培型处理。

秆可作小型建筑用材和各种农具柄；笋供食用，唯味微苦。

黄皮绿筋竹 Phyllostachys sulphurea cv.robert

又名黄皮刚竹。与刚竹之区别在于幼秆解箨后呈绿黄色，下部间有少数绿色纵条纹，并在箨环下方还有暗绿色环带，以后虽节间变为黄色而绿色纵条纹仍存在。

产地及用途与刚竹相同。

罗汉竹 Phyllostachys aurea

又名人面竹。秆高5~12m，直径2~5cm，幼时被白粉，无毛，成长的秆呈绿色或黄绿色；中部节间长15~30cm，基部或有时中部的数节间极缩短，缢缩或肿胀，或其节交互倾斜，中下部正常节间的上端也常明显膨大，秆壁厚4~8mm；秆环中度隆起与箨环同高或略高；箨环幼时生一圈白色易落的短毛。箨鞘背面黄绿色或淡褐黄带红色，无白粉，上部两侧常枯干而呈草黄色，背部有褐色小斑点或小斑块，无毛，但沿底部生白色短毛；箨耳及鞘口繸毛俱缺；箨舌很短，淡黄绿色，先端截形或微呈拱形，有淡绿色的细长纤毛；箨片狭三角形至带状，开展或外翻而下垂，下部者多皱曲，上部者常平直，绿色而具黄色边缘。末级小枝有2或3叶；叶鞘无毛；叶耳及鞘口繸毛早落或无；叶舌极短；叶片狭长披针形或披针形，长6~12cm，宽1~1.8cm，仅下表面基部有毛或全部无毛。花枝呈穗状，长3~8cm；佛焰苞5~7片，长15~18mm，各具数条鞘口继毛，缩小叶卵形至窄披针形，每片佛焰苞内有假小穗1~3枚。小穗含1~4朵小花，上部者不孕；小穗轴节间无毛；颖0~2片；外稃与颖相类似但较长，长15~20mm，具多脉，沿边缘密生柔毛；内稃与外稃等长或较短，脊上具纤毛，脊间具2或3脉，脊外两侧各有2~5脉；鳞被长3.5~5mm，被微毛；花药长10~12mm；柱头2，羽毛状。颖果线状披针形，长10~14mm，直径1.5~2mm，顶端宿存花柱的基部。笋期5月中旬。

产于黄河流域以南各省区，但多为栽培供观赏，在福建闽清及浙江建德尚可见野生竹林。世界各地多已引种栽培。贵州分布在湄潭、榕江等地。

笋味美，是蔬食佳品。

红边竹 Phyllostachy srubromarginata

秆高达10m，直径3.5cm，幼秆几无白粉；节间长达35cm以上，壁厚4.5~5mm；秆环微隆起，与箨环同高；箨环最初密生向下的淡黄色细硬毛。箨鞘背面绿色或淡绿色，无斑点或在大笋中有稀疏分散的小斑点，无纵条纹或在秆基部的箨鞘上常有紫色或金黄色的宽行条纹，上部的边缘呈暗紫色，底部密生淡黄色细硬毛，其他部分无毛；无箨耳及鞘口繸毛；箨舌极短，长不过1mm，暗紫色，截平或常微凹，由背部生出远长于箨舌本身的暗紫色长毛，边缘有白色短纤毛；箨片绿紫色，带状，基部宽远狭于箨舌，开展或微外翻，平直。末级小级具1或2叶；叶耳不发达，但有直立的鞘口繸毛，在幼秆上的叶则可见小形的叶耳及略呈放射状的鞘口繸毛；叶舌微上伸，紫色，边缘生纤毛；叶柄最初具白色柔毛；叶片披针形，长椭圆形至带状长圆形，长6~17cm，宽1.2~2.2cm，上表面沿中脉略粗糙，下表面疏生柔毛或近于无毛。花枝呈穗状，长约5cm，基部托以4或5片逐渐增大的鳞片状苞片；佛焰苞5~6片，无叶耳及鞘口繸毛或仅有少数短小的繸毛，缩小叶微小，披针形至锥状，每片佛焰苞内有1~4枚假小穗，当假小穗为3或4枚时则其中有1或2枚形小而发育不良。小穗具1~4朵小花，常托以苞片1片；小穗轴无毛或有柔毛；颖1或2，有时无；外稃长1.5~2cm，具柔毛；内稃短于其外稃，亦具柔毛；鳞被长菱形，长约4mm；花药长8~10cm；柱头3，羽毛状。

产于荔波、独山、龙里等地。

本种竹材篾性较好，宜编织各种器物；笋味较佳，可供食用。

毛环竹 Phyllostachys meyeri

又名浙江淡竹、黄壳竹。秆高5~11m，粗3~7cm，劲直，幼时节下有白粉；中部节间长达35cm，壁厚约3mm；秆环微隆起，略高于箨环或与箨环同高；箨环最初带紫色并被易落白色细毛。箨鞘背面淡褐紫色、暗绿色或黄褐色，被白粉，上部有较密的褐色斑点和斑块，下部斑点小而稀疏，有时尚有紫色条纹，底部生白色细毛，其余部分无毛；箨耳及鞘口繸毛俱缺；箨舌黄绿色至淡黄褐色，中度发达，中部稍突出，边缘生短纤毛；箨片狭带状，外翻，多少呈波状或微皱曲，紫绿色，具黄边。末级小枝有2或3叶；叶鞘无毛；无叶耳及鞘口繸毛，或有少数条易落的繸毛；叶舌显著突出，叶片披针形至带状披针形，长7~13cm，宽1~2cm。花枝呈穗状，长5.5~7（10）cm，基部托以2~4片逐渐增大的鳞片状苞片；佛焰苞5~8片，无毛或一侧生柔毛，无叶耳及鞘口繸毛，缩小叶狭小，卵状披针形至锥形，每片佛焰苞内具1~3枚假小穗。小穗长3~3.5cm，披针形，含小花1或2朵；小穗轴最后延伸成针状，其节间具短柔毛；颖常1片，披针形；外稃长2~2.5cm，无毛，顶端延伸成芒状小尖头；内稃长1.8~2.3cm，几无毛或仅顶端生细毛；鳞被3，椭圆状披针形，长2.5mm；花药长1~1.2cm；柱头3，呈羽毛状。笋期4月下旬。

笋稍有哈味；秆宜作海船帆篷的横档，亦可作伞骨和编制竹器。

早园竹 Phyllostachys propinqua

秆高6m，直径3~4cm，幼秆绿色（基部数节间常为暗紫带绿色）被以渐变厚的白粉，光滑无毛；中部节间长约20cm，壁厚4mm；秆环微隆起与箨环同高。箨鞘背面淡红褐色或黄褐色，另有颜色深浅不同的纵条纹，无毛，亦无白粉，上部两侧常先变干枯而呈草黄色，被紫褐色小斑点和斑块，尤以上部较密；无箨耳及鞘口繸毛；箨舌淡褐色，拱形，有时中部微隆起，边缘生短纤毛；箨片披针形或线状披针形，绿色，背面带紫褐色，平直，外翻。末级小枝具 2 或 3 叶；常无叶耳及鞘口繸毛；叶舌强烈隆起，先端拱形，被微纤毛；叶片披针形或带状披针形，长 7~16cm，宽 1~2cm。笋期 4 月上旬开始，出笋持续时间较长。

分布在独山等地。

笋味较好，食用佳品。竹材可劈篾供编织竹器，整秆宜作柄材、晒衣秆等。

淡竹 *Phyllostachys glauca*

又名粉绿竹。秆高 5~12m，粗 2~5cm，幼秆密被白粉，无毛，老秆灰黄绿色；节间最长可达 40cm，壁薄，厚仅约 3mm；秆环与箨环均稍隆起，同高。箨鞘背面淡紫褐色至淡紫绿色，常有深浅相同的纵条纹，无毛，具紫色脉纹及疏生的小斑点或斑块，无箨耳及鞘口繸毛；箨舌暗紫褐色，高 2~3mm，截形，边缘有波状裂齿及细短纤毛；箨片线状披针形或带状，开展或外翻，平直或有时微皱曲，绿紫色，边缘淡黄色。末级小枝具 2 或 3 叶；叶耳及鞘口繸毛均存在但早落；叶舌紫褐色；叶片长 7~16cm，宽 1.2~2.5cm，下表面沿中脉两侧稍被柔毛。花枝呈穗状，长达 11cm，基部有 3~5 片逐渐增大的鳞片状苞片；佛焰苞 5~7 片，无毛或一侧疏生柔毛，鞘口繸毛有时存在，数少，短细，缩小叶狭披针形至锥状，每苞内有 2~4 枚假小穗，但其中常仅 1 或 2 枚发育正常，侧生假小穗下方所托的苞片披针形，先端有微毛。小穗长约 2.5cm，狭披针形，含 1 或 2 朵小花，常以最上端一朵成熟；小穗轴最后延伸成刺芒状，节间密生短柔毛；颖不存在或仅 1 片；外稃长约 2cm，常被短柔毛；内稃稍短于其外稃，脊上生短柔毛；鳞被长 4mm；花药长 12mm；柱头 2，羽毛状。笋期 4 月中旬至 5 月底，花期 6 月。

产于黄河流域至长江流域各地。

笋味淡，可供食用；竹材篾性好，可编织各种竹器，也可整材使用，作农具柄、搭棚架等。

毛竹 *Phyllostachys edulis*

又名楠竹、猫头竹。秆高达 20m 以上，直径可达 20cm 以上，幼秆密被细柔毛及厚白粉，箨环有毛，老秆无毛，并由绿色渐变为绿黄色；基部节间甚短而向上则逐节较长，中部节间长达 40cm 或更长，壁厚约 1cm（但有变异）；秆环不明显，低于箨环或在细秆中隆起。箨鞘背面黄褐色或紫褐色，具黑褐色斑点及密生棕色刺毛；箨耳微小，繸毛发达；箨舌宽短，强隆起乃至为尖拱形，边缘具粗长纤毛；箨片较短，长三角形至披针形，有波状弯曲，绿色，初时直立，以后外翻。末级小枝具 2~4 叶；叶耳不明显，鞘口繸毛存在而为脱落性；叶舌隆起；叶片较小较薄，披针形，长 4~11cm，宽 0.5~1.2cm，下表面在沿中脉基部具柔毛，次脉 3~6 对，再次脉 9 条。花枝穗状，长 5~7cm，基部托以 4~6 片逐渐稍较大的微小鳞片状苞片，有时花枝下方尚有 1~3 片近于正常发达的叶，当此时则花枝呈顶生状；佛焰苞通常在 10 片以上，常偏于一侧，呈整齐的复瓦状排列，下部数片不孕而早落，致使花枝下部露出而类似花枝之柄，上部的边缘生纤毛及微毛，无叶耳，具易落的鞘口繸毛，缩小叶小，披针形至锥状，每片孕性佛焰苞内具 1~3 枚假小穗。小穗仅有 1 朵小花；小穗轴延伸于最上方小花的内稃之背部，呈针状，节间具短柔毛；颖1片，长15~28mm，顶端常具锥状缩小叶有如佛焰苞，下部、上部以及边缘常生毛茸；外稃长22~24mm，上部及边缘被毛；内稃稍短于其外稃，中部以上生有毛茸；鳞被披针形，长约5mm，宽约1mm；花丝长4cm，花药长约12mm；柱头3，羽毛状。颖果长椭圆形，长4.5~6mm，直径1.5~1.8mm，顶端有宿存的花柱基部。笋期4月，花期5—8月。

分布于秦岭、汉水流域至长江流域以南和我国台湾地区，黄河流域也有多处栽培。贵州分布在赤水、江口等地。

毛竹是我国栽培悠久、面积最广、经济价值也最重要的笋采两用竹种。其秆型粗大，宜供建筑用，如梁柱、棚架、脚手架等，篾性优良，供编织各种粗细的用具及工艺品，竹篼是制作工艺品的良好材料，枝梢作扫帚，嫩竹及秆箨作造纸原料，笋味美，鲜食或加工制成玉兰片、笋干、笋衣和罐头笋等。笋衣可作蔬菜，箨鞘可为编织麻袋、地毯、鞋垫和造纸原料。毛竹林地可种植竹荪等食用真菌。

花毛竹 Phyllostachys edulis f. huamozhu

秆具黄绿相间的纵条纹，叶片也可具有黄色条纹。

在毛竹产区零星分布。

用途同毛竹，又可供观赏。

桂竹 Phyllostachys reticulata

又名斑竹、五月季竹、刚竹。秆高可达20m，粗达15cm，幼秆无毛，无白粉或被不易察觉的白粉，偶可在节下方具稍明显的白粉环；节间长达40cm，壁厚约5mm；秆环稍高于箨环。箨鞘革质，背面黄褐色，有时带绿色或紫色，有较密的紫褐色斑块与小斑点和脉纹，疏生脱落性淡褐色直立刺毛；箨耳小形或大形而呈镰状，有时无箨耳，紫褐色，繸毛通常生长良好，亦偶可无繸毛；箨舌拱形，淡褐色或带绿色，边缘生较长或较短的纤毛；箨片带状，中间绿色，两侧紫色，边缘黄色，平直或偶可在顶端微皱曲，外翻。末级小枝具2~4叶；叶耳半圆形，繸毛发达，常呈放射状；叶舌明显伸出，拱形或有时截形；叶片长5.5~15cm，宽1.5~2.5cm。花枝呈穗状，长5~8cm，偶可长达10cm，基部有3~5片逐渐增大的鳞片状苞片；佛焰苞6~8片，叶耳小形或近于无，繸毛通常存在，短，缩小叶圆卵形至线状披针形，基部收缩呈圆形，上端渐尖呈芒状，每片佛焰苞腋内具1枚或有时2枚、稀可3枚的假小穗，唯基部1~3片的苞腋内无假小穗而苞早落。小穗披针形，长2.5~3cm，含1~3朵小花；小穗轴呈针状延伸于最上孕性小花的内稃后方，其顶端常有不同程度的退化小花，节间除针状延伸的部分外，均具细柔毛；颖1片或无颖；外稃长2~2.5cm，被稀疏微毛，先端渐尖呈芒状；内稃稍短于其外稃，除2脊外，背部无毛或常于先端有微毛；鳞被菱状长椭圆形，长3.5~4mm，花药长11~14mm；花柱较长，柱头3，羽毛状。笋期5月下旬。

产于黄河流域及其以南各地，从武夷山脉向西经五岭山脉至西南各省区均可见野生的竹株。贵州分布在湄潭、赤水、铜仁、印江、沿河等地。

本种秆粗大，竹材坚硬，篾性也好，为优良用材竹种；笋味略涩。

斑竹 Phyllostachys reticulata f. *lacrima-deae*

与桂竹的区别在于秆有紫褐色或淡褐色斑点。

产于黄河至长江流域各地。

本种秆粗大，竹材坚硬，篾性也好，为优良用材竹种；笋味略涩。亦可栽培供观赏。

美竹 Phyllostachys mannii

又名红鸡竹、黄古竹。秆高 8~10m，粗 4~6cm，幼秆鲜绿色，疏生向下的白色毛，无白粉，老秆黄绿色或绿色；节间较长，秆中部者长 30~42cm，秆壁厚 3~7mm；秆环稍隆起，与箨环同高或较之微高。箨鞘革质，硬而脆，背面呈暗紫色至淡紫色，有淡黄色或淡黄绿色条纹，常疏生紫褐色小斑点，通常在较粗大的笋及笋下部的箨鞘（或箨鞘的下半部）以紫色为主，而在细笋及笋上部的箨鞘（或仅在箨鞘的上半部）则以淡黄或绿色为主，上部边缘则呈紫红色，顶端宽，截平或钝圆；箨耳变化极大，从无箨耳或仅有极小的痕迹乃至形大而呈镰形的紫色箨耳，仅在较大的箨耳边缘可生紫色长繸毛；箨舌宽短，紫色，截形或常微呈拱形，边缘生短纤毛，背部长出长毛；箨片三角形至三角状带形，直立或上部者开展，近于平直或波状弯曲至微皱曲，淡绿黄色或紫绿色，基部两侧紫色。末级小枝具 1 或 2 叶；叶耳小或不明显，鞘口繸毛直立；叶片披针形至带状披针形，长 7.5~16cm，宽 1.3~2.2cm。笋期 5 月上旬。

本种分布甚广，产于我国黄河至长江流域以及西南直到西藏的南部。贵州产于平坝、铜仁等地。

秆的节间长，易劈篾，篾性甚好，宜编织篮、席等用品，也可整秆使用。因出笋多，成林快，是较好的造林竹种。

贵州刚竹 Phyllostachys guizhouensis

秆高 16m，粗 8cm，幼秆绿色，被稀疏短刺毛，略粗糙，老秆灰绿色，节下方具白粉；秆中部节间长 30~40cm，秆下部的秆环较平坦而上部者则可隆起。秆箨紫黄色，具紫色脉纹，疏被棕褐色刺毛，无斑点；下部的秆箨之箨耳小，上部的箨耳呈镰状，长约 1cm，紫色，繸毛紫色，稀疏生于箨耳末端；箨舌微呈拱形或截形，高 2mm，紫色，先端密生白色纤毛呈流苏状；箨片窄三角形至带状，直立或开展，紫褐色具绿色纵条纹。末级小枝具 2 叶，叶鞘无毛；鞘口疏生直立的繸毛，易脱落；叶片披针形，长 8~11cm，宽 1.1~1.6cm。笋期 5 月。

产于贵州毕节。

竹秆体形较大，材质优良，为当地重要材用竹种，可制作竹器或家具，亦供建筑等用。

紫竹 Phyllostachys nigra

又名黑竹。秆高 4~8m，稀可高达 10m，直径可达 5cm，幼秆绿色，密被细柔毛及白粉，箨环有毛，一年生以后的秆逐渐先出现紫斑，最后全部变为紫黑色，无毛；中部节间长 25~30cm，壁厚约 3mm；秆环与箨环均隆起，且秆环高于箨环或两环等高。箨鞘背面红褐或更带绿色，无斑点或常具极微小不易观察的深褐色斑点，此斑点在箨鞘上端常密集成片，被微量白粉及较密的淡褐色刺毛；箨耳长圆形至镰形，紫黑色，边缘生有紫黑色缝毛；箨舌拱形至尖拱形，紫色，边缘生有长纤毛；箨片三角形至三角状披针形，绿色，但脉为紫色，舟状，直立或以后稍开展，微皱曲或波状。末级小枝具2或3叶；叶耳不明显，有脱落性鞘口缝毛；叶舌稍伸出；叶片质薄，长7~10cm，宽约1.2cm。花枝呈短穗状，长3.5~5cm，基部托以4~8片逐渐增大的鳞片状苞片；佛焰苞4~6片，除边缘外无毛或被微毛，叶耳不存在，鞘口缝毛少数条或无，缩小叶细小，通常呈锥状或仅为一小尖头，亦可较大而呈卵状披针形，每片佛焰苞腋内有1~3枚假小穗。小穗披针形，长1.5~2cm，具2或3朵小花，小穗轴具柔毛；颖1~3片，偶可无颖，背面上部多少具柔毛；外稃密生柔毛，长1.2~1.5cm；内稃短于外稃；花药长约8mm；柱头3，羽毛状。笋期4月下旬。

原产于我国，南北各地多有栽培，在湖南南部与广西交界处尚可见野生的紫竹林。贵州产于毕节等地。

著名的观赏竹种，地栽或盆栽均可。竹材较坚韧，供制作小型家具、手杖、伞柄、乐器及工艺品。

毛金竹 Phyllostachys nigra var. henonis

又名金竹、淡竹。与紫竹的区别在于秆不为紫黑色，始终淡绿色，较高大，可达7~18m，秆壁厚，可达5mm，箨鞘顶端极少有深褐色微小斑点。

原产于我国黄河流域以南各地。生于林中。

笋供食用；秆可整材使用，并可劈篾编制竹器，粗大者可代毛竹供建筑用，也可作农具、家具、秆具等用；中药中的"竹茹""竹沥"一般取自本种。

水竹组 Sect. *Heterocladae*

地下茎在横切面上有一圈通气道。秆的节内长约5mm。箨鞘无斑点；箨片三角形或三角状披针形，偶可呈带状，直立，在笋尖作自下而上地复瓦状排列呈笔头状，有时多少开展或在笋下部者外翻，基部宽度与箨舌相等或近于等宽，偶可狭于箨舌。花枝头状；佛焰苞之缩小叶极小以至为一小尖头；小穗长15~20mm；外稃长7~15mm；花药长4~8mm；花柱长4~5mm。

贵州产3种、1变型。

毛环水竹 Phyllostachys aurita

秆高达3.5m，直径2.5cm，幼秆暗绿色，被薄白粉，无毛；秆中部节间长22~31cm，壁厚2mm左右；秆环隆起，高于箨环；秆和分枝两者的箨环均有一圈密集而宿存的锈色毛环。箨鞘背面淡绿色，干后灰黄色，等长或稍长于其节间，无斑点，微被白粉，边缘的中、上部密生暗紫色纤毛，底部则丛生锈色毛；箨耳发达，镰形，多少与箨片明显相连，边缘生长缝毛；箨舌截平或稍作拱形，褐色，边缘生长纤毛；箨片直立，平直或微呈波状，绿色微带紫，宽三角形至狭长三角形，有时凹卷呈舟状，基部与箨舌等宽。末级小枝具2或3叶；叶耳小或近于无，生紫褐色长缝毛；叶片带状披针形，长6~13cm，宽0.8~1.5cm，下表面疏生柔毛，尤以基部为密。花枝呈头状，长 1~1.5cm，基部围以 4~5 片逐渐增大的鳞片状苞片；佛焰苞于每个花枝中为 2~4 片，长 6~10mm，被柔毛，其叶耳及鞘口繸毛俱缺；缩小叶极小，呈锥状或不可见，稀可呈狭卵状披针形；每片佛焰苞腋内具 1~3 枚假小穗；小穗长约 1.1cm，含 1~3 朵小花，顶端小花常不孕而多少有些退化；小穗轴具毛；颖 1~3 片，有时无颖，上部具毛；第一外稃长约 1cm，其背面中上部密生开展的长柔毛；鳞被倒披针形或椭圆形，长约 2.5mm；花药长 4mm；柱头 3，羽毛状。笋期 4 月中下旬，花期 9 月。

产于荔波、独山、龙里等地。

篌竹 Phyllostachys nidularia

又名白荚竹、花竹、篱竹、笼竹。秆高达 10m，粗 4cm，劲直，分枝斜上举而使植株狭窄，呈尖塔形，幼秆被白粉；节间最长可达 30cm；壁厚仅约 3mm；秆环同高或略高于箨环；箨环最初有棕色刺毛。箨鞘薄革质，背面新鲜时绿色，无斑点，上部有白粉及乳白色纵条纹，中下部则常为紫色纵条纹，基部密生淡褐色刺毛，越向上刺毛渐稀疏，边缘具紫红色或淡褐色纤毛；箨耳大，系由箨片下部向两侧扩大而成，三角形或末端延伸成镰形，新鲜时绿紫色，疏生淡紫色繸毛；箨舌宽，微作拱形，紫褐色，边缘密生白色微纤毛；箨片宽三角形至三角形，直立，舟形，绿紫色。末级小枝仅有 1 叶，稀可 2 叶，叶片下倾；叶耳及鞘口繸毛均微弱或俱缺；叶舌低，不伸出；叶片呈带状披针形，长 4~13cm，宽 1~2cm，无毛或在下表面的基部生有柔毛。花枝呈紧密的头状，长 1.5~2cm，基部托以 2~4 片逐渐增大的鳞片状小形苞片；佛焰苞 1~6 片，在下部者呈卵形，上部者形较狭，纸质，长约 16mm，边缘生纤毛，其他部分无毛或只在两侧及顶部多少有毛，缩小叶有变化，或极小或近于无或呈叶状，每片佛焰苞腋内具假小穗 2~8 枚；假小穗的苞片狭窄，大小多变化，甚至有时可无苞片，膜质，5~7 脉，具脊，上部及脊上均生有长柔毛；小穗含 2~5 朵小花，上部 1 或 2 朵小花不孕；小穗轴节间略呈棒状，上侧扁平并生有数条长柔毛，顶端斜截平；颖通常 1 片，有时多至 3 片，其形状、大小及质地与其下的苞片相似，长可达 15mm；外稃草质，密被长而开展的细刺毛，先端作芒状渐尖，多脉，第一外稃长 10~12mm，最长可达 16mm；内稃短于外稃，亦被开展的细刺毛，长 6~11mm；花药长 4.5~5.5mm；柱头 3 有时 2 或 1，羽毛状。笋期 4—5 月，花期 4—8 月。

产于陕西、河南、湖北和长江流域及其以南各地，多系野生。贵州分布在印江、都匀、荔波、独山等地。

笋材两用竹种。秆壁薄，竹材较脆，细秆作篱笆，粗秆劈篾编织虾笼；笋味美，供食用。植株冠辐狭而挺立，叶下倾，体态优雅，亦宜作布置庭园用。

光箨篌竹 Phyllostachys nidularia f. glabrovagina

箨鞘无毛，叶鞘脱落性，末级小枝通常具 1 叶。

产地及用途同篌竹。

水竹 *Phyllostachys heteroclada*

秆可高 8~10m，直径 4~5.5cm，幼秆具白粉并疏生短柔毛；节间长达 30cm，壁厚 3~5mm；秆环在较粗的秆中较平坦，与箨环同高，在较细的秆中则明显隆起而高于箨环；节内长约 5mm；分枝角度大，以致接近于水平开展。箨鞘背面深绿带紫色（在细小的笋上则为绿色），无斑点，被白粉，无毛或疏生短毛，边缘生白色或淡褐色纤毛；箨耳小，但明显可见，淡紫色，卵形或长椭圆形，有时呈短镰形，边缘有数条紫色繸毛，在小的箨鞘上则可无箨耳及鞘口繸毛或仅有数条细弱的繸毛；箨舌低，微凹乃至微呈拱形，边缘生白色短纤毛；箨片直立，三角形至狭长三角形，绿色，绿紫色或紫色，背部呈舟形隆起。末级小枝具 2 叶，稀可 1 或 3 叶；叶鞘除边缘外无毛；无叶耳，鞘口繸毛直立，易断落；叶舌短；叶片披针形或线状披针形，长 5.5~12.5cm，宽 1~1.7cm，下表面在基部有毛。花枝呈紧密的头状，长 16~22mm，通常侧生于老枝上，基部托以 4~6 片逐渐增大的鳞片状苞片，如生于具叶嫩枝的顶端，则仅托以 1 或 2 片佛焰苞，后者的顶端有卵形或长卵形的叶状缩小叶，如在老枝上的花枝则具佛焰苞 2~6 片，纸质或薄革质，广卵形或更宽，唯渐向顶端者则渐狭窄，并变为草质，长 9~12mm，先端具短柔毛，边缘生纤毛，其他部分无毛或近于无毛，顶端具小尖头，每片佛焰苞腋内有假小穗 4~7 枚，有时可少至 1 枚；假小穗下方常托以形状、大小不一的苞片，此苞片长达 12mm，多少呈膜质，背部具脊，先端渐尖，先端及脊上均具长柔毛，侧脉 2 或 3 对，极细弱。小穗长达 15mm，含 3~7 朵小花，上部小花不孕；小穗轴节间长 1.5~2mm，棒状，无毛，顶端近于截形；颖 0~3 片，大小、形状、质地与其下的苞片相同，有时上部者则可与外稃相似；外稃披针形，长 8~12mm，上部或中上部被以斜开展的柔毛，9~13 脉，背脊仅在上端可见，先端锥状渐尖；内稃多少短于外稃，除基部外均被短柔毛；鳞被菱状卵形，长约 3mm，有 7 条细脉纹，边缘生纤毛；花药长 5~6mm；花柱长约 5mm，柱头 3，有时 2，羽毛状。果实未见。笋期 5 月，花期 4—8 月。

产于黄河流域及其以南各地。多生于河流两岸及山谷中，为长江流域及其以南最常见的野生竹种。贵州分布在遵义等地。

笋材两用竹种；竹材韧性好，栽培的水竹竹秆粗直，节较平，宜编制各种生活及生产用具。著名的湖南益阳水竹席就是用本种为材料编制而成的；笋供食用。

北美箭竹超族 Supertrib. ARUNDINARIATAE

　　灌木状、稀小乔木状竹类。地下茎有各种类型，有合轴型、单轴型和复轴型3种。秆箨大都为宿存性或迟落。花序为单次发生的总状或圆锥花序，花序总梗较长，其下方有营养叶或由叶变态而成的苞片或佛焰苞托附；花序主轴及其分枝都是在结构上均匀一致而延续的，即无明显的节环，因此与营养轴有所不同，花序在分枝处虽常可生有甚退化的小型苞片，但在苞片腋内决无先出叶存在，唯有时可在花序分枝腋内具一枕瘤。小穗通常具柄（极少数种类可以例外），基部除有颖2或3片外，并无变形的叶片托附。果实多为颖果，稀可为坚果状。

　　模式属：北美箭竹属 *Arundinaria* Michaux

　　本超族3族，我国产香竹族 Chusqueeae 香竹属11种1变种2变型和镰序竹属15种1变型2属26种1变种3变型共30种，北美箭竹族 Arundinarieae 筱竹亚族6属189种2变型，北美箭竹亚族7属132种9变种2变型，赤竹亚族3属51种5变种2变型，共含16属372种14变种6变型，分布在华东、华南和西南各省区，多数种类还在高海拔山区。另一族节柱竹族 Arthrostylideae，产100余种，生于中南美洲。

　　贵州省产香竹族镰序竹属1属5种；北美箭竹族筱竹亚族3属16种，北美箭竹亚族3属5种，赤竹亚族2属9种1变种，共3亚族8属30种1变种。共2族3亚族9属35种1变种，合计36种。

香竹族 Trib. CHUSQUEEAE

　　地下茎多为合轴丛生（香竹属 *Chusquea* Kunth 的种类变异甚大，可具各种类型，其大多数种仍是合轴丛生）。秆直立或其下部直立而上部作弧形弯曲，或为攀缘性，甚至可完全依附在它物之上，下部各节有时还可环生刺状气生根；节间圆筒形或在分枝节的上方一侧节间具深凹的纵沟槽，实心乃至中空。秆下部节上有时可环生气生刺根；秆芽1或3；秆每节分枝3至多数，以后分多枝，其中有1主枝，显著甚至可与秆同粗，细枝较多，或在某些属种中主枝不发达。叶片的小横脉明显或否。花序常生于有叶或无叶（叶片尚未长出或是业已落去）的枝条上，罕可直接发生在秆节上，呈疏松或紧密的圆锥、总状、穗状、伞房乃至头状等花序。穗含数至多朵小花，但大都仅上端或顶端1或2朵成熟，其余的不孕小花则位于小穗下部；小穗轴节间甚短，可延伸至最上方小花的内稃之后而顶生 1 极为退化的小花；颖 2~5 片；外稃先端尖锐或具短芒；内稃先端常有简短的裂缺，但亦有完整者，其背部有深沟或具 2 脊（个别属种的内稃与外稃同形，即其背部圆拱而仅具 1 中肋），稀背圆拱；鳞被 3，位于侧方的 2 片可成对称形；雄蕊 3，花丝彼此分离，花药能伸出花外或否；花柱 1，短柱头 2。颖果。成熟时为稃片所全包。

我国产香竹属 11 种 1 变种 2 变型和镰序竹属 15 种 1 变型，共 2 属 26 种 1 变种 3 变型。贵州省产镰序竹属 5 种。

镰序竹属 *Drepanostachyum*

灌木状或藤本竹类。地下茎为合轴型，秆丛生，较细，直径常不及 1cm，下部直立，先端垂悬，若无外物可攀依时，则平卧地面；节间圆筒形，中空或在秆下部者可实心，秆壁通常甚薄，节处稍隆起，箨环常因有箨鞘基部残余物而甚突出；秆芽在每节有数枚或多数，如为多数时，则常形成 3 团，居中者为 1 粗大的主芽，此芽不萌发或萌发成与主秆近于同粗的主枝，两侧者各有多数细小的芽，它们萌生成多数纤细的枝条，且使枝群呈半轮生状。秆箨迟落，箨鞘纸质或薄草质，长三角形而上部常突然变窄，有似瓶颈状（我国种类有例外），枯草色，具纵肋，背部无毛或在肋间被稀疏短毛或毡状柔毛；箨舌常较高，先端截形或为钝圆头，亦可突出呈锥状，边缘生细纤毛，并作细齿裂或不规则的撕裂；箨耳无或微小，当存在时呈直立的长三角形，其上还生有易落的棕紫色短缝毛；箨片形狭窄，直立或外翻，易自箨鞘上脱离，无毛，但边缘具细锯齿而粗糙或为全缘而平滑。末级小枝通常具 5~12 叶；叶鞘质地较薄，在小枝下方者易落去，上方者不落而带紫色或为枯草色，无毛或被小硬毛或较长之柔毛；叶舌一般较高，膜质，其上缘易齿裂；叶耳微小乃至较显著，具放射状开展之鞘口缝毛，其色紫，毛长可达 1cm，但不久即断落；叶片小型或中等大，形狭窄，通常为细长披针形，先端常渐尖而呈锥状尖头，基部收缩而为 1 短叶柄，无毛或在下表面常于中脉之侧旁生小刺毛，次脉 2~7 对，再次脉 5~7 条，小横脉不明显。秆在开花后期其叶常易尽落，花芽位于秆上端各节或花枝的各节，起初每节仅具 1 萌动的花芽，后者近于无柄，此时颇似"假花序"类型的花枝，以后花芽不仅长大，同时也会在每节形成簇生的小穗 2~10 枚，各小穗均具或长或短的柄，柄可纤细如毛发状，并有波曲，此时显然成为镰房或伞房花序，或者在秆上端各节先发生花枝或花序轴多条，然后在其上各节开始生出小穗，最后形成圆锥花序（如就每一花枝或花序轴而言，它们则是总状花序），在秆各节所簇生的花枝或花序轴之基部均托以 1 片先出叶或一组逐渐增大的 3~5 苞片，花序轴分枝处腋间常生小柔毛；小穗两侧扁，含 2~6 朵小花，其排列较疏松，顶端小花常不孕；小穗轴节间较小花稍短，呈楔形或棒状，无毛或顶端生白色小柔毛；颖 2，膜质或草质，第一颖较小，1~5 脉，先端渐尖，边缘常生小纤毛，第二颖基部 7~9 脉，先端甚尖锐；外稃较长于第二颖，草质，7~9 脉，无毛或背面被小硬毛，先端微凹而在凹口间伸出短芒，或先端尖锐而无芒；内稃与外稃同质，先端常微裂，背部具 2 脊，脊间 3~4 脉，脊外至边缘各具 1~3 脉；鳞被 3，近等大，卵圆形或椭圆形，基部具脉纹，先端钝圆，边缘生小纤毛或较长的纤毛而作流苏状；雄蕊 3，花丝分离，细线形而基部稍扁，花药最后能伸出，悬挂于花外；子房长圆形，较细瘦，上端收细为短花柱，柱头 2，长于花柱，呈帚刷状。颖果，成熟时全为稃片所包裹而不裸出，具腹沟。笋期春季。花果期夏季或可延长至初秋。

模式种：镰序竹 *D. falcatum*（Nees）Keng f.（*Arundinaria falcata* Nees）原产喜马拉雅山区西部，我国不产。

我国产 15 种 1 变型，分布在我国西南各省区，其中中国台湾地区有 1 种为间断分布，而且均是各产区的特有种。贵州产 5 种。

藤本状竹类，常生长在沿溪河两岸陡峭坡地瘠薄土壤上或石缝间，外观呈悬挂状。本属竹种是石灰岩地区和假山绿化最理想的竹种。

分种检索表

1. 叶耳存在，其上生有作放射状开展的繸毛（稃耳和其上的繸毛在某些种中不发达）。
  2. 秆高（或秆长）在 10m 以上，直径 4~10mm。
    3. 秆中部节间长 20cm 以上 ··· 爬竹 *D. scandens*（Hsueh et W. D. Li）Keng f. ex Yi
    3. 秆中部节间较短，长 8~20cm；主枝可长达 5m ··································· 小蓬竹 *D. luodianense*（Yi et R. S. Wang）Keng f.
  2. 秆高在 8m 以下，直径 5~15mm；秆中部节间长 22~53cm，直径 5~15mm；叶片长 8~18cm，宽 10~20mm。
    4. 叶鞘被柔毛或有时在幼时被柔毛，叶片下面被柔毛；秆节间平滑至纵肋纹稍可见，但不隆起，稃环无毛；稃舌高 1~2mm；叶片次脉 3~4 对 ··································· 钓竹 *D. breviligulatum* Yi
    4. 叶鞘及叶片均无毛；稃鞘长于或等长于节间长度，背面密被棕黑色瘤基刺毛；叶片次脉 3~4 对 ··································· 多毛镰序竹 *D. hirsutissimum* W. D. Li et Y. C. Zhong
1. 叶耳不存在，鞘口无繸毛，如繸毛存在时，亦不作放射状开展而直立；秆直径达 0.6~1.5cm；叶片长达 6~9cm，宽达 0.6~1.1cm，下面无毛或被毛；藤本状竹类，秆不能竹类；稃鞘背面无毛；叶片无毛，次脉 3~4 对 ··································· 匍匐镰序竹 *D. stoloniforme* S. H. Chen et Z. Z. Wang

爬竹 *Drepanostachyum scandeus*

藤本状竹类。秆长可达 10m 或更长；节间长 30cm 左右，径粗 8mm，外面具稍隆起的细线状纵肋，纵肋间被微毛，秆壁厚 2.5mm；稃环具稃鞘基部残存物，后者呈扣覆的浅盘状；秆每节分多枝，主枝较显著，甚至能替代主秆，横向伸出攀缘它物或下垂或沿地面铺展，侧枝纤细，枝群常在秆梢各节作轮生。稃鞘迟落乃至宿存，薄革质，鲜时带紫红色，呈长三角形，鞘口宽仅 4~7mm，背部在纵肋间被有白色疣基短刺毛，鞘缘上部密生长柔毛而呈流苏状；稃耳微小，生有易落的繸毛；稃舌发达，高约 5mm，截平头，上缘齿裂并具长约 5mm 的纤毛；稃片外翻，披针形，易自稃鞘脱离。末级小枝具 3~5 叶；叶鞘长 4.5cm，外缘生纤毛；叶耳存在，其上生有放射状伸展的繸毛；叶舌发达；叶片质薄，披针形，长 13~20cm，宽 7~22mm，小横脉不明显。花序未见。笋期 8—9 月。

特产于赤水。生于海拔 260~320m 的河岸两侧坡地或石缝间。

小蓬竹 Drepanostachyum luodianense

秆下部直立，近实心，上部垂悬呈藤本状，高或长可达 10m；节间圆筒形，长 8~20cm，粗 4~10mm，幼时微被白粉，尤以在节的下方较明显，老则成黑垢而余处光滑无毛；箨环具有箨鞘基部残留物，在新秆上此残留物呈浅盘状并于外面具微毛；秆每节具 3 芽团，居中者较大，扁桃形，通常可发展为主枝，位于两侧的芽团较小，形偏斜，内含多芽，以后能发生多条侧枝；主枝极发达，秆中下部者可长达 5m，侧枝纤细，其粗不及 1mm，但节处膨大，而使枝条呈"之"字形曲折。箨鞘迟落，狭长三角形，鲜时为黄绿色，但具紫色斑点，背部有密集而明显的纵肋，在纵肋间贴生疣基小刺毛；箨耳无；箨舌矮，截形，顶缘具细齿裂和白色短纤毛；箨片直立或外翻，披针形。末级小枝具 4~11 叶；叶鞘长 5cm，被柔毛；叶舌显著或否，高者约 5mm，上缘具流苏状细齿裂；叶耳发达，具放射状紫色刚毛 8~10 条，其长为 5~9mm；叶片披针形，一般长 5~12cm，宽 7~17mm，两表面沿主脉的基部均生有灰白色微毛，次脉 3 或 4 对，小横脉不明显。花枝起初仅能见到各节生着花芽，此时颇似续次发生的花序，成长后则花枝的每节可由数条短的总梗作伞房式排列于节上，此总梗甚纤细，全长为 1~6cm，计 1~6 枝，下方的分枝处还生有潜伏芽或败育的小穗，仅枝的上方具 1 或 2 枚发育小穗，其小穗柄长短不齐；小穗长 12~17mm，计含较疏离的 3~5 朵小花，顶生小花常不育；小穗轴节间长 2~3mm，被微毛，顶端膨大；颖膜质，易脱落，第一颖长约 3mm，3~5 脉，第二颖长 4~5mm，具 5 脉；外稃质地坚硬，长 8~9mm，具明显而隆起的 7 脉；内稃稍长于外稃，先端浅裂，除 2 脊之外还有不明显的 6 条纵脉，平滑无毛；鳞被 3，卵形，长约 1mm，边缘生短纤毛；花药长 8~9mm；子房卵圆形，无毛，柱头 2，长约 2mm，具帚刷状微毛。颖果。

产于罗甸、望谟、长顺、紫云等地。生于海拔 600~1 000m 石灰岩裸露的石山上，沿岩壁下垂如簾成片分布，颇为美观。

钓竹 Drepanostachyum breviligulatum

地下茎合轴型。秆丛生，斜倚，高 3~6m，直径 0.5~1.5（2）cm，梢部作弧形长下弯可达地面；节间长 18~32cm，圆筒形，具隆起的细线状纵列；规划很隆起呈一厚木栓质圆脊，并向下翻卷呈浅盘状，无毛；秆环平或稍隆起。秆分枝习性低，每节上枝条多数，主枝 1~3 枚，在无主枝时，长在枝条间具有肥大的笋芽。箨鞘迟落，短于节间长度，背面常具稀疏贴生瘤基小刺毛，小横脉在上部两侧可见，鞘缘通常无纤毛；箨耳及鞘口繸毛缺失，或初时具繸毛；箨舌高 1~2mm，边缘初时被短纤毛；箨片外翻，三角形、线形或线状披针形，长 0.8~9cm，宽 2.5~7mm。小枝具叶 4~9；叶鞘微小，具 4~6 枚长 2.5~4（6）mm 的放射状繸毛；叶舌高约 1mm，繸毛 0.5~1mm；叶片长 6~10.5cm，宽 0.65~1cm，纤毛被灰白色短柔毛，次脉 3~4 对（萌发枝条上叶可达

26cm，宽 3.2，次脉 8 对），小横脉明显。笋期 8 月。

产于贵州北部。成片野生于海拔 450~1 200m 江岸峭壁上或陡坡地上。

多毛镰序竹 *Drepanostachyum hirsutissimum*

秆上部弯曲垂悬，高 3~5m，直径 0.5~1（1.5）cm；节间长 12~18（23）cm，无毛，秆壁厚 3~5（7）mm；箨环木栓质厚隆起并向下翻。秆每节上枝条 20 余枚，半轮生状。箨鞘长于或等长于节间，薄革质，两侧明显不对称，先端截平，背面密被棕黑色瘤基刺毛，具淡棕色缘毛；箨耳和鞘口繸毛缺失；箨舌高约 1mm，边缘纤毛长 5mm；箨片带状，直立，长 15~20mm，易脱落。小枝具叶 5~11；叶耳镰形或半圆形，边缘繸毛紫色，长约 5mm；叶片披针形，长（4.5）11~17cm，宽 0.7~1.5（3.1）cm，次脉 3~4 对。笋期 9—10 月。

产于贵州。

匍匐镰序竹 *Drepanostachyum stoloniforme*

秆匍匐藤本状，长 3~5m，直径 0.3~0.6cm；节间长 9~18cm，圆筒形，幼时微被白粉，老时无毛，有光泽，秆壁厚约 1mm；箨环隆起，无毛；秆环稍隆起。秆每节簇生 5~14 枝条，有时具 1 枚直径与主秆相近的粗壮主枝，侧枝较细。箨鞘短于节间，长三角形，厚纸质，无毛，边缘膜质；箨耳缺失；箨舌截形或微下凹高约 0.5mm，边缘纤毛长约 2mm；箨片外翻，锥形或线状披针形，无毛，边缘内卷。小枝具叶 3~10；叶鞘无毛；叶耳缺失；叶舌截形，高约 3mm，繸毛长约 4mm；叶柄长 1~2mm；叶片长 2~6cm，宽 0.3~0.6cm，幼竹叶片长 4~11cm，宽 0.8~2cm，下面淡绿色，两面无毛，次脉 3~4 对，小横脉不明显。总状花序或简单圆锥花序，序轴纤细，波曲，长 4~17mm，基部具 2 纸质苞片；小穗绿色，含 3~4 朵小花，长 12~15mm；小穗柄长 6~19mm，波曲，或无小穗柄，小穗轴节间长 1~2mm，体稍扁，先端膨大呈宽浅杯状；颖片 2；外稃披针形，脉纹明显；内稃背部具 2 脊，先端浅 2 裂；鳞被 3；雄蕊 3，花药黄色；子房长椭圆形，具柄，柱头 3，毛刷状。颖果细长圆形，具 7~11 纵脊，有腹沟。花期 3—4 月。笋期 8 月。

产于贵州。

北美箭竹族 Trib. ARUNDINARIEAE

灌木状竹类。秆直立或稀可顶端垂悬而作攀缘状，节间圆筒形或在分枝一侧基部稍扁平。每节仅具 1 芽（其芽鳞内则可有数副芽或分生组织），秆每节分枝 1 至数枚，如为 1 枚时，其直径与秆近等粗。鳞被 3；雄蕊 6 或 3，稀可较少，花丝分离；柱头（或花柱）2 或 3。颖果。

模式属：北美箭竹属 *Arundinaria* Michaux

我国计有 16 属 372 种 14 变种 6 变型，可根据真鞭之有无、秆每节分枝的情况，分列于下面 3 亚族之中。贵州产 3 亚族 8 属 30 种 1 变种。

亚族检索表

1. 地下茎合轴型，具或不具延伸的秆柄，但绝无真鞭；秆大都为灌木状，全是生长在高海拔的高山竹类（悬竹属 *Ampclocalamus* 可例外） ······························ ···························· 筱竹亚族 Subtrib. **THAMNOCALAMINAE** Keng f.

1. 地下茎单轴或复轴型，均具在地中横走的真鞭；秆大都呈乔木状（赤竹亚族 Sasinae 例外），均为生长于低海拔山地或平原的竹类（赤竹属 *Sasa* 例外）。

   2. 秆中部每节分1至数枝，枝的直径均较秆为细；叶片中等大乃至小型，极罕有大型的，次脉较少，小横脉显著或否。乔木状竹类亚族 ······················ ···························· 北美箭竹亚族 Subtrib. **ARUNDINARINAE**

   2. 秆中部每节仅具1或2枝（秆上部节则可分较多枝），单枝时，此主枝的直径几约与秆同粗；叶片大型，较宽广，具多对次脉及显著的小横脉。圆锥花序着生在具叶小枝或根出萌发条的顶端亚族 ······················ ···························· 赤竹亚族 Subtrib. **SASINAE** Keng f.

筱竹亚族 Subtrib. **THAMNOCALAMINAE**

灌木状竹类。地下茎为合轴型，某些属的种类之秆柄能延长成假鞭。秆直立或稀可顶端垂悬；节间圆筒形或在有枝条一侧之下部稍扁平或具纵沟槽；秆每节起初生出彼此近同粗的3分枝，以后则可增生为多枝，各枝均较秆甚细；叶片小，小横脉存在，明显或不甚明显。花序顶生，亦兼有侧生者，呈圆锥状（疏松乃至紧密均有）或总状，常在花序下方具正常叶片或托以1片佛焰苞或一组逐渐增大的苞片，后者最上方的1片亦可呈佛焰苞状，花序分枝的腋间常无枕瘤，但在枝基部则生有极小的或不显著的小型苞片；雄蕊3。

模式属：筱竹属 *Thamnocalamus* Munro

我国有6属189种2变型，贵州有3属16种。

分属检索表

1. 地下茎为纯合轴型，即无秆柄延伸所成的假鞭；地面秆为单丛。

   2. 秆梢端长下垂，多少带攀缘性；箨耳和叶耳发达，边缘继毛放射状；秆较细小，可呈葡匐状，箨环不显著，分枝1~7、近等粗、无主枝，叶片革质 ··············· ···························· 纪如竹属 *Hsuehochloa* D. Z. Li & Y. X. Zhang

1. 地下茎合轴型，但成长后其秆柄能延长以形成假鞭；地面秆较疏散或为多丛式。

   3. 假鞭通常粗壮（两端粗、中段细），能较秆的直径为粗，其节间实心，无通气道，在地中横走距离不远 ······················ 箭竹属 *Fargesia* Franch.

   3. 假鞭较纤细，其直径均匀（即同一段的两端不较中部为粗），较主秆略细，其节间实心或可有空腔以及通气道，在地中横走较远 ········ 玉山竹属 *Yushania* Keng f.

纪如竹属 *Hsuehochloa*

灌木状或藤本竹类。地下茎合轴型。秆直立，丛生，上部可作藤状下垂；节间圆筒形，中空，秆壁薄，新秆在节下方有小刺毛，老后脱落而留疣基和刺毛痕；秆每节具单芽，但芽的先出叶内包有 3 芽，以后形成每节 2 或 3 枝乃至多枝，枝条较开展。箨环木栓质，分枝多数，通常具 1 枚主枝，该主枝与主秆近等粗时，可替代主秆，从而使竹丛呈攀爬状。箨鞘迟落，远短于其节间，厚纸质或近革质，边缘质薄而近膜质，无毛，有时基部可具微毛；箨耳明显，易落，边缘生放射状长继毛；箨舌很短，边缘亦具流苏状长继毛；箨片线状披针形，外翻，短于箨鞘或与之等长。叶鞘口部有明显叶耳，耳缘有放射状长继毛；叶舌截平，坚硬，边缘亦具流苏状长继毛；叶片的小横脉不明显。圆锥花序疏松，通常着生在叶枝的顶端；小穗柄有微毛；每小穗 2~7 朵小花，排列疏松，顶生小花不发育；小穗轴长为小花之半，且易逐节断落；颖片 2，质薄，第一颖 1~3 脉，第二颖 3~5 脉；外稃纸质，7~9 脉；内稃近等长或稍长于外稃，背部具 2 脊，脊上部和近顶端处被微毛；鳞被 3，几同大，上部及边缘有纤毛；雄蕊 3，花药纵长裂开，通常为黄色；花柱 2，基部联合，柱头羽毛状。颖果卵状长圆形，光滑无毛。

模式种：纪如竹 *Hsuehochloa calcarea*（C. D. Chu & C. S. Chao）D. Z. Li & Y. X. Zhang

本属现知有 1 种，特产于贵州荔波。原命名为贵州悬竹 *Amepelocalamus calcareous* C. D. Chu et C. S. Chao，归入悬竹属 *Amepelocalamus* S. L. Chen，T. H. Wen et G. Y. Sheng。

分种检索表

1. 秆高不及 2m；箨耳上的继毛长 1cm；叶耳的继毛长 6~7mm；叶片近革质，长达 20cm，宽可 3cm，两面无毛 ⋯⋯⋯⋯⋯⋯⋯⋯⋯⋯⋯⋯⋯⋯⋯⋯⋯⋯⋯⋯⋯⋯⋯⋯⋯⋯⋯⋯⋯⋯⋯⋯⋯⋯⋯
   纪如竹 Hsuehochloa calcarea（C. D. Chu & C. S. Chao）D. Z. Li & Y. X. Zhang

纪如竹 *Hsuehochloa calcarea*

秆较细小，秆长 4~6m，直径 0.4~0.6cm，匍匐、攀缘或垂悬；秆圆柱形，高达 1.5m，直立，但上部下挂；节间长 15~20cm，上部有脱落性柔毛；秆节稍隆起，每节具多数分枝；枝长 50~100cm，径约 2mm。箨环不显著，分枝 1~7、近等粗、无主枝，叶片革质；箨鞘宿存，短于节间，背面稍具斑点，密被白色易落的柔毛，边缘有白色纤毛；箨耳及叶耳显著，鞘口继毛放射状。箨耳小，新月形，向外开展，耳缘有长约 1cm 的继毛；箨舌很短，顶端有白色纤毛，毛长 0.7~1cm；箨片卵状披针形或披针形，绿色，外翻。末级小枝具 2~4 叶；叶鞘无毛，有光泽，边缘有纤毛；叶耳向外张开，耳缘有长 5~7mm 的放射状继毛；叶舌短，顶端具白色长纤毛；叶片近革质，长圆状披针形，长 7~20cm，宽 1.2~3cm，无毛，下表面近粉绿色，有 4~7 对不明显的次脉。花序为总状，具小花 5 朵，雄蕊 3 枚，花药紫色。笋期 4 月。

产于荔波，贵州特产。分布范围很窄，生于海拔 500~600m 的石灰岩山地林下或林缘，在悬崖边常向下垂悬很长。

箭竹属 *Fargesia*

灌木状或稀可乔木状亚热带中山或亚高山竹种。地下茎合轴型，秆柄假鞭粗短，其两端不等粗，前端（远母秆端）直径大于后端（近母秆端），中间较两端为细，节间长常在 5mm 以下，实心，通常无通气道，鳞片（假鞭之箨）为正三角形，排列紧密。秆直立，琉丛生或近散生；节间圆筒形，中空、实心或近于实心；秆环平坦乃至微隆起，通常较其箨环为低；秆的维管束呈开放型或半开放型；秆芽单一，长卵形，贴秆而生，在圆芽箭竹组秆芽明显由多数芽组成为 1 枚半圆形复合芽时，则不贴秆；秆每节分数枝乃至多枝，枝斜展或直立，近等粗，枝环较平。箨鞘宿存或迟落，稀早落，革质或厚纸质，具刺毛或近无毛；箨耳无，或明显；箨舌圆拱形或截形；箨片三角状披针形或带状，脱落性，或稀可宿存；末级小枝具数叶；叶片小型至中型，具小横脉。花序呈圆锥状或总状，着生于具叶小枝的顶端，花序下方托以由叶鞘扩大而成或大或小的一组佛焰苞，致使花序起初只能由最上方的佛焰苞开口之一侧露出，以后因花序主轴的延伸以及佛焰苞脱落或破碎，则可使花序全部露出；小穗形细长，具长柄；颖 2；外稃先端具小尖头或呈芒状，具数脉，小横脉通常明显；内稃等长或略短于其外稃，背部具 2 脊，先端具 2 齿裂；鳞被 3，边缘生纤毛；雄蕊 3，花丝分离，花药黄色；子房椭圆形，花柱 1 或 2，柱头 2 或 3；颖果细长。笋期夏秋季。花果期多在夏季。

模式种：箭竹 *Fargesia spathacea* Franch.

原产四川城口。我国产 105 种 1 变型。北自祁连山东坡，南达海南，东起赣、湘，西迄西藏吉隆，在海拔 1 400～3 800m 的垂直地段都有本属竹类生长，其中以云南的种类最为丰富。箭竹属种类繁多，分布广泛，林地面积颇大，蓄积量蕴藏丰富，用途多，有相当多的种类其秆为中型，是亟待开发利用的宝贵自然资源。箭竹属几乎所有竹种都对山地水土保持、减缓地表径流、涵养水源、调节小气候环境、促进农业稳产丰产等都起着不同程度的有利作用。在我国西南生态旅游区、红色旅游区、森林公园和自然保护区内大面积成片生长，或与其他乔灌木树种组成特色的自然生态景观，四季常青，非常美丽。是珍稀哺乳动物大熊猫的重要主食之一。

贵州产 3 种。

分种检索表

1. 秆芽长卵形，瘦扁，是由不明显的数芽组成的复合芽，紧密贴秆而生；秆环平坦，稀可隆起或微隆起，通常低于箨环；秆箨迟落或宿存性，稀早落性；箨耳存在或否。佛焰苞大型，花序初期短而紧缩，与其佛焰苞近等长，故花序最初只能从佛焰苞开口之一侧露出，但亦可佛焰苞为小型的，而花序则较大且开展，伸出其下的一组佛焰苞之上 ·························· 箭竹组 Sect. *Fargesia*
   箨鞘长三角形或长圆状三角形，先端为三角形或宽带形，先端宽度远较鞘基底为窄，鞘背部密被刺毛或稀可无毛；箨耳无或存在；秆的节间中空、几实心或实心均可有之。
2. 箨鞘远长于节间或略长于节间，包裹着秆的各整个节间。

3. 箨鞘革质，先端为短三角形，其狭窄部分的长度可仅占鞘长的 1/5；叶片下表面或多或少被有灰白色或灰褐色柔毛，至少起初在该面的基部处如此；秆节间中空；箨鞘迟落，灰褐色，背面被贴生棕色刺毛，纵脉纹可见，小横脉不发育，边缘密生黄褐色纤毛 ………………………… 威宁箭竹 *F. weiningensis* Yi et L. Yang

3. 箨鞘下部革质而上部为纸质，先端呈宽带形或三角状带形，其狭窄部分的长度可达鞘长的 1/3 以上；叶片下表面被灰白色或灰褐色短柔毛，或至少在该面的基部处如此；箨鞘背部密被异色斑点或斑块；秆在有分枝的节间具不明显纵向细肋，节间长 20~36cm，幼秆节间几为海绵状的髓所充满有如实心；秆环微隆起至隆起；节内长 2~4mm；叶鞘长 4~7.5cm，叶耳微小但易脱落；叶片长（7）10~16cm，宽 10~17mm，次脉 4 对 ………………………… 棉花竹 *F. fungosa* Yi

2. 箨鞘较其节间为短，或两者近等长；箨片直立或仅在秆中下部的箨鞘上者为直立（上部箨鞘者则可外翻）；叶耳不存在；叶鞘具劲直的鞘口繸毛；幼秆在节间上部被灰白色小刺毛，无白粉；箨鞘宿存，背部密被棕黑色贴生的疣基刺毛；箨舌高 2~6mm ………………………… 箧箧竹 *F. conferta* Yi

1. 秆芽半圆形、卵形、或锥形，肥厚，是由明显的数芽乃至多芽组合而成的复合芽，不贴秆或稀可贴秆而生；秆环隆起至显著隆起，稀或微隆起，通常高于箨环；秆箨早落性；箨耳不存在；佛焰苞大型，稍长于花序，短缩总状花序从佛焰苞开口一侧露出 ………………………… 圆芽箭竹组 Sect. *Ampullares* Yi

箭竹组 Sect. *Fargesia*

灌木状或乔木状。秆芽单一，长卵形，扁平，其内含有不明显的少数芽，紧贴秆面；髓呈锯屑状或数量少而呈海绵状；秆环平坦或微隆起，通常低于箨环；枝环平坦。箨鞘宿存或迟落，稀早落；箨耳存在或花序下托以由叶鞘扩大而成或大或小的佛焰苞；花序排列紧密、短缩者，其佛焰苞宽大而与花序近等长，整个花序从佛焰苞一侧露出，花序长大、排列疏松者，佛焰苞则稍有扩大而远短于花序，致使花序位于一组佛焰苞上方。颖果。

模式种：箭竹 *Fargesia spathacea* Franch.

本组所含种类经近年来的发掘，已知近 90 余种，我国产 92 种，贵州产 2 种。

威宁箭竹 *Fargesia weiningensis*

又名船竹（贵州威宁）。地下茎合轴型。秆丛生，高 4~6m，直径 1.5~2.5cm，梢端直立；全秆具 25~30 节，节间一般长约 28cm，最长可达 30cm，基部节间长 5~8cm，圆筒形，在分枝一侧基部处具短凹槽，绿色，无毛，平滑，被白粉，中空，秆壁厚 3~4mm，髓锯屑状；箨环隆起，紫褐色，无毛；秆环稍隆起，光亮；节内长 3~4mm，有光泽。秆芽 1 枚，长卵形，贴生，有光泽，边缘具淡黄褐色短缘毛。枝条在秆每节上 6~26 枚，簇生，基部近贴秆生，长 10~40cm，具 4~8 节，节间长 0.5~10cm，直径 1~3mm，初时被白粉，无毛。箨鞘迟落，灰褐色，革质，三角状长圆形，长于节间或有时在秆下部者稍短于节间长度，先端短的宽三角形，背面被贴生棕色刺毛，纵脉纹可见，小横脉不发育，边缘密生黄褐色纤毛；箨耳半椭圆形，紫色，长 3~4mm，宽约 2mm，边缘具紫色缝毛；箨舌截平形或微呈拱形，紫褐色，具长 0.4~1.5cm 直立、黄褐色缝毛；箨片外翻，线状披针形，无毛，腹面纵脉纹明显，长 6~13cm，宽 2.5~4mm，常内卷，边缘近于平滑。小枝具叶（4）5~7 枚；叶鞘长 3.5~5cm，淡绿色，无毛，纵脉纹及上部纵脊明显，无缘毛；叶耳缺失，鞘口两肩具 15~20 枚长 3~8mm 灰色稍弯曲的缝毛；叶舌弧形，紫色，边缘具密而下部连生长 3~8mm 直立弯曲缝毛；叶柄长 1.5~2mm，无毛；叶片线状披针形，长 7~15.5cm，宽 0.7~1.5cm，上面绿色，下面灰绿色，稍粗糙，先端渐尖，基部楔形，次脉 3~4 对，小横脉组成长方形和正方形，边缘具小锯齿。花枝未见。笋期 8—9 月。

产于贵州威宁，海拔 2 250m 左右。

秆供编制背篓及箩筐等用。

棉花竹 *Fargesia fungosa*

秆密丛生，高 4~6m，直径 1.5~4cm；节间长 20~23（36）cm，圆筒形，幼秆时秆髓在为海绵状，并填满整个节间空腔，秆壁厚 3~6mm；箨环隆起，初时常具小刺毛；秆环微隆起至隆起；秆芽阔卵形。秆每节分枝多达 25 枚。箨鞘宿存，长三角状兼长圆形，略长于至远长于节间，背部被棕黑色刺毛，密被褐紫色斑点，边缘有时生棕黑色刺毛；箨耳无，鞘口两肩各具数条，长为 1~4mm；箨舌高 1~1.5mm；箨片外翻，线状披针形，边缘具细锯齿。小枝具 2~6 叶；叶耳微小，镰形，边缘具数枚长 1.5~2.5mm 的缝毛；叶舌高不及 1mm；叶柄下面被柔毛；叶片长（7）10~16cm，宽 1~1.7cm，下面基部被灰白色柔毛，次脉 4 对，小横脉不甚清晰。笋期 7—8 月，花期 4—9 月。

产于贵州西部。生于海拔 1 800~2 700m，野生或农家栽培。

笋供食用；秆材篾质富韧性，最适宜编织家具、农具等竹器和扭制绳索等用，亦作各种秆具。

笼笼竹 *Fargesia conferta*

秆柄长 3~6cm，直径 1~2cm；节间长 25~28（35）cm。秆密丛生，高 3~5m，粗 1~2cm；节间长 25~35cm，秆基部节间长（3）10~15cm，圆筒形或在有分枝一侧的基部微扁平，无白粉，初时节间上半部具灰白色小刺毛，无纵向细肋，秆壁厚 2.5~5mm，髓呈锯屑状；箨环隆起，无毛或初时疏生灰白色小刺毛，常有箨鞘基部之残留物；秆环微隆起，或在分枝的节处隆起；节内长 2~3mm。秆芽卵形至长卵形，灰色至灰褐色，边缘密生灰色纤毛。秆每节分多枝，枝彼此近等粗，斜展，直径 1~2mm。笋紫红色；箨鞘宿存，厚纸质，灰红褐色，长三角形，稍短于其节间，背部除先端之三角形小区无毛外，各处均密被棕黑色贴生的疣基刺毛，纵向脉纹仅在上半部明显，边缘生棕色纤毛；箨耳三角形，具数条劲直或微弯曲灰色长 2~5mm 之缝毛，或箨耳不存在，鞘口可具易脱落之缝毛；箨舌发达，舌状突出，边缘常具纤毛，包括毛长在内高达 2~6mm；箨片直立，线状披针形，无毛，边缘内卷，基部与箨鞘顶端无关节相连，故不易从该处断落。小枝具（2）3~5（6）叶；叶鞘长 2.5~3.5cm，纵向脉纹不显著，上部纵脊明显，边缘通常无纤毛；叶耳无，鞘口具数条灰色或灰褐色劲直 3~5mm 之缝毛；叶舌截形或呈圆拱形，褐色，无毛，高约 1mm；叶柄长 1~2mm，下表面微被短柔毛；叶片狭披针形，薄纸质，长4～13cm，宽5～10mm，先端渐尖，基部楔形，下表面灰绿色，其基部生灰色短柔毛，次脉4对（极少数可为2或3对），小横脉不明显，叶缘具细锯齿。花枝未见。笋期6月。

产贵州西北部。生于海拔1 100～1 700m的常绿阔叶林或亚热带针叶林下，也生于荒山灌丛间。

玉山竹属 *Yushania*

灌木状高山竹类。地下茎合轴型，秆柄细长，长者可达20～50cm，前后两端及其中部粗细均近一致，直径在1cm以内；节间长5～12mm，实心或少数种可中空，在横剖面上常可见有通气道。秆散生，直立，稀可斜倚；节间圆筒形，但在有分枝的一侧之基部有时微扁；髓呈锯屑状，偶可为层片状或笛膜状；箨环隆起；秆环不明显或微隆起。秆每节具1芽，贴秆而生。秆每节分1枝或数枝，当为1枝时，其直径可与秆近等粗，如为数枝时，则直径远较秆为细弱，而且各枝近等粗，有时秆下部节分1枝，而上部者则分数枝。箨鞘宿存或迟落，革质或软骨质。每小枝具几片至十几片叶；叶片小型或大型，小横脉通常明显。总状或圆锥花序，生于具叶小枝顶端，花序分枝腋间常具小瘤状腺体，下方通常托有微小的苞片。小穗柄细长，有时其腋间亦具小瘤状腺体，基部有时也托以苞片；小穗含2～14朵小花，圆柱形，紫色或紫褐色，顶端小花常不孕；小穗轴脱节于颖之上及各花之间，其节间被短粗毛，并在顶端膨大，边缘具纤毛；颖2，第一颖较小，1～5脉，第二颖披针形或卵状披针形，3～9脉；外稃卵状披针形，先端锐尖或渐尖，7～11脉；内稃等长或略短于其外稃，背部具2脊，先端裂成2小尖头或微凹；鳞被3，膜质，边缘具纤毛；雄蕊3，花丝细长，花药黄色；子房纺锤形或椭圆形，花柱很短，柱头2或稀可3，羽毛状。颖果长椭圆形，在近内稃一面有纵沟，顶端微凹或具宿存花柱。笋期夏季。花果期多在春末至夏季。

模式种：玉山竹 *Yushania niitakayamensis*（Hayan）Keng f.

我国现产有79种1变型。分布在我国亚热带中山、亚高山地带。原产中国台湾玉山。玉山竹属系高山竹类，在我国云南省横断山脉地区种类很丰富，垂直分布在海拔1 000～3 800m地段，耐寒力强，为高山林区常见的下木，有的种类是大熊猫的主要采食竹种。

贵州产12种。

分种检索表

1. 秆每节分5～9枝或更多枝箨耳不存在；秆柄假鞭节间实心。 ……………………
   ……………………………………………… **短锥玉山竹组** Sect. *Brevipaniculatae* Yi

   2. 箨鞘稍长于节间或与之近等长，最短的一般也不短于节间长的3/5，狭长三角形，背部纵肋脊隆起而显著。

      3. 幼秆节间或上部被小刺毛；秆后期变为紫色或紫黑色；秆节间实心或实心兼有很小中空的近实心；箨鞘迟落，三角状长圆形，革质；小枝具叶2～5

枚；叶片长达 11cm，叶片次脉 3~4 对 ……………………………
……………………… **盘县玉山竹** *Y. panxianensis* Yi et J. J. Shi

3. 幼秆节间无毛；秆在有分枝的节间之一侧下半部扁平并具纵脊；幼秆节间被白粉或在节下具一圈厚白粉，纵细线肋纹绿色，箨环无毛；秆节间长16~24cm；叶鞘长 3.5~5.2cm；叶片披针形，长 7~14cm，宽 1~1.6cm，次脉 4~5 对 ……………………… **梵净山玉山竹** *Y. complanata* Yi

2. 箨鞘短，通常其长度在节间的一半以下，最长的也不超过节间长的 3/5；箨鞘三角状长圆形，无斑块，革质；节间分枝一侧基部扁平。

4. 秆芽近边缘被淡黄色小毛刺，边缘具缘毛；秆节间实心，无毛，纵细线棱纹不明显；秆环稍隆起，在秆基部节上者常具瘤状体（气生根）；秆箨迟落，背面疏被暗黄色贴生小毛刺，纵脉纹显著，边缘上部具短纤毛；叶片小，长 3.8~8.5cm，宽 4~6.5mm，叶鞘长 1.7~2.8cm，小横脉组成长方形；鞘口两肩各具约 8 枚长 1~6 mm 直立继毛；箨舌下凹，高约 1 mm；次脉 2~3 对 ……………………… **白眼竹** *Y. microphylla* Yi et L. Yang

4. 秆芽节间无毛；秆高在 3~4m，直径不超过 0.8~1cm；叶片两面无毛；箨鞘早落，背面初时有紫色纵条纹，无毛或有时下部疏生贴伏黄色刺毛，边缘上部初时生短纤毛；近边缘被淡黄色小毛刺，边缘具缘毛；秆节间实心；秆箨迟落，背面疏被暗黄色贴生小毛刺，纵脉纹显著，边缘上部具短纤毛；叶片较大，长达 12cm，宽达 10 mm，次脉 3~4 对 ……………………………
……………………… **水城玉山竹** *Y. shuichengensis* Yi et L. Yang

1. 秆每节仅分 1 枝，或秆下部节分 1 枝而秆中部以上各节则可多达 3~5 (8) 枝。秆柄（假鞭）实心。 ………………… **玉山竹组** Sect. *Yushania*

5. 箨耳显然存在；幼秆节间无毛。

6. 箨鞘背面无毛；秆节间分枝一侧中下部扁平；秆节间近实心；箨片外翻…
……………………… **仁昌玉山竹** *Y. chingii* Yi

6. 箨鞘背面被或密或疏的刺毛，小刺毛（细弱玉山竹 *Y. tenuicaulis* Yi et J. Y. Shi 仅笋期箨鞘背面被小硬毛）；叶片两面均无毛；秆节间圆筒形，分枝一侧不扁平，幼时有小紫点。

7. 秆下部每节具 1 分枝，上部节上可有 3~4 分枝；叶片宽达 3cm，次脉 5~9 对，小横脉组成正方形 ……………… **显耳玉山竹** *Y. auctiaurita* Yi

7. 秆每节单分枝；叶片宽达 1.5cm，次脉 4~5 对，小横脉组成长方形……
……………………… **细弱玉山竹** *Y. tenuicaulis* Yi et J. Y. Shi

5. 箨耳不存在或仅有小突起以代之。

8. 箨鞘背面无毛或仅在基部被灰色至淡黄色小刺毛；秆节间幼时具紫色小斑点；

9. 叶片披针形或卵状披针形，长 3~12cm，宽 0.5~1.9cm，次脉 3~6 对…
……………………… **雷公山玉山竹** *Y. leigongshanensis* Yi et C. H. Yang

9. 叶片宽大，长 10~22cm，宽达 2.6~5cm，次脉 8~10 对。

10. 笋有白粉，基部被棕色刺毛；叶片长圆状披针形或卵状椭圆形，长 9~20cm，宽 3~5cm，质地较薄，干后明显皱曲 ……………………………… …………………………………………… 皱叶玉山竹 *Y. rugosa* Yi

10. 笋无有白粉亦无毛；叶片披针形，长 11~22cm，宽 1.5~2.6cm，质地较厚，干后平整，或仅幼嫩叶稀可皱曲 ……………………………… …………………………………… 单枝玉山竹 *Y. uniramosa* Hsueh et Yi

8. 箨鞘背面密被或疏或密的刺毛（至少在起初被小刺毛）；秆的节间为圆筒形，在有分枝的一侧并无沟槽。

11. 幼秆被白粉，箨环初时被黄色小刺毛；叶片下面基部沿中脉（包括叶柄在内）被灰黄色短柔毛或微毛；秆柄粗（2）4~7mm；秆高 1~2m，直径 2~7（10）mm；小枝具叶（2）3~5（6）枚 ……………………………… …………………………………… 鄂西玉山竹 *Y. confuse* (McClure) Z. P. Wang et G. H. Ye

11. 幼秆仅节下有一圈白粉，箨环无毛；叶片无毛；叶片宽 0.6~1cm，次脉 3~4对 …………………………… 箬叶玉山竹 *Y. angustifolia* Yi et J. Y. Shi

短锥玉山竹组 Sect. *Brevipaniculatae*

秆通常较粗壮；枝条在秆之每节为多枝，其中无明显主枝，各枝直径远较秆为细弱；圆锥花序或总状花序，均为顶生。

我国产有 47 种 1 变型，贵州产 4 种。

盘县玉山竹 *Yushania panxianensis*

又名黑竹（贵州盘县）。地下茎细长合轴型，秆柄较细长，直径 4~6mm，具 28~35 节，节间长 4~10mm，淡黄色，平滑，无毛，实心。秆散生，直立，高 1.5~2m，直径 0.8~1.2cm，具 18~25 节，节间长 5~20cm，圆筒形，分枝节间无凹槽，一年生绿色，二年生以上渐变为紫色至紫黑色，幼时被白粉及上部具灰色小硬毛而粗糙，无纵细线棱纹，中空，髓环状；箨环隆起，淡黄褐色或褐色，无毛；秆环隆起或脊状隆起，初时紫色；节内高 2~4mm。秆芽 1 枚，长圆形，贴生。秆每节具 5~7 枚枝条，直立或稍斜展，长 25~45cm，直径 1~2.5mm，初时被白粉。笋紫色；箨鞘迟落，三角状长圆形，革质，长于或稍长于节间，背面被稀疏贴生瘤基紫色刺毛，纵脉纹明显隆起，无缘毛；箨耳缺失，鞘口两肩各具 4~6 枚、直立、长 4~6mm、紫色后期变为灰褐色的繸毛；箨舌截形或斜截形，紫色，无毛，高 1.5~3mm；箨片外翻，紫色，线状披针形，纵脉纹隆起，长 0.5~6.5cm，宽 1~1.5mm，无毛，全缘。小枝具叶 2~5 枚；叶鞘紫绿色，长 3~6cm，无毛，纵脉纹及上部纵脊明显，无缘毛；叶耳缺失，鞘口两肩各具 4~6 枚、紫色或紫褐色、直立而不弯曲、长 1~3mm 的繸毛；叶舌近截平形，淡褐色，高约 0.8mm；叶柄长约 1mm，淡绿色；叶片狭披针形，纸质，无毛，长 5.5~11cm，宽 5~10mm，上面绿色，下面淡绿色，先端渐尖，基部楔形，次脉 3~4 对，小横脉组成长方形，边缘具小锯齿而粗糙。花枝未见。笋期 6 月。

该种一年生竹秆为绿色，二年生时开始变为紫色，以后随年龄的增长，竹秆颜色逐渐变深为紫黑色，故当地群众习惯称该竹种为黑竹。该种除对山区水土保持和生态环境建设具有重要作用外，还是云贵高原新近发现的一个重要观赏竹种。

梵净山玉山竹 *Yushania complanata*

又称梵净玉山竹。秆高 3~4.5m，粗 0.5~1.2cm；节间长 16~24cm，秆基部节间长 2.5~5cm，圆筒形，但常在分枝的一侧之下半部扁平并具纵脊，无毛，幼时有白色蜡粉，平滑，纵向细肋稍明显，秆壁厚 1.5~2mm，髓呈锯屑状；箨环隆起；秆环微隆起或隆起，稍高于箨环或在分枝之节则显著高于箨环；节内长 2~4mm。秆芽长卵形，边缘具灰黄色纤毛。秆每节分 3~6 枝，枝与秆成锐角而开展，长达 50cm，直径 1.5~3mm；枝的基部节间形扁或在一侧扁平。箨鞘早落，三角状矩形，薄革质，常略长于其节间，背面疏生紧贴向上的淡黄色或黄褐色短刺毛，纵肋极明显，边缘上半部密生黄褐色小刺毛；箨耳无，鞘口初时有直立缝毛，后脱落而无毛；箨舌下凹，常有不规则缺齿，边缘纤毛早落；箨片外翻，线状三角形或线状披针形，无毛，宽 1~3mm，边缘近于平滑。小枝具 5~7 叶；叶鞘长 3.5~5.2cm，无毛，边缘无纤毛；无叶耳，鞘口两肩无缝毛或初时各有 1~3 条长 1~3mm 灰黄色直立之缝毛；叶舌截形或偏斜的截形，无毛；叶柄长 1.5~2.5mm，有白粉；叶片披针形，长 7~14cm，宽 1~1.6cm，无毛，次脉 4~5 对，小横脉在叶片下表面不清晰，在上表面则较清晰，叶缘一侧具小锯齿，另一侧近于平滑。花枝未见。笋期 4 月。

产于贵州国家级自然保护区的梵净山，生于海拔 2 100~2 400m 的山顶部灌丛间或林下。

白眼竹 *Yushania microphylla*

地下茎合轴型，秆柄长 8~45cm，直径 4~7mm，具 25~38 节，节间长 2.5~13mm，淡黄色，无毛，平滑，有光泽，实心。秆散生，直立，高 3~5m，直径 0.8~1.5cm，节间长 10~35cm，圆筒形，但在分枝一侧下部扁平并具纵脊，无毛，幼时被白粉，纵细线棱纹不明显，秆壁厚 2~3mm，髓为环状；箨环隆起，初时有横出淡黄色刺毛；秆环稍隆起，有光泽，在秆基部者常具瘤状体（气生根）；节内高 2~4.5mm。秆芽 1 枚，近边缘被淡黄色小刺毛，边缘具缘毛。枝条在秆每节上 5~8 枚，长 15~40cm，具 5~8 节，节间长 0.3~8cm，粗 1~2mm，初时被白粉。箨鞘迟落，三角状长圆形，革质，短于节间，无斑块，背面疏被暗黄色贴生小刺毛，纵脉纹显著，边缘上部具短纤毛；箨耳缺失，鞘口两肩初时各具约 8 枚长 1~6mm 直立淡黄色缝毛；箨舌下凹，紫色，有裂缺，高约 1mm；箨片外翻或直立，长 1.8~3.8cm，宽 2.5~3.5mm，无毛，全缘。小枝具叶 4~6 枚；叶鞘长 1.7~2.8cm，淡绿色，纵脉纹及上部纵脊明显，无缘毛；叶耳缺失，鞘口两肩幼时各具 2~4 枚紫色长达 3mm 直立缝毛；叶舌高约 1mm，截平形，紫色，无毛；叶柄长约 1mm，无毛；叶片线状披针形，纸质，无毛，长 3.8~8.5cm，宽 4~6mm，上面绿色，下面淡绿色，先端渐尖，基部楔形，次脉 2~3 对，小横脉组成长方形，边缘具小锯齿而粗糙。花枝未见。笋期 6 月。

产于贵州威宁海拔 2 300m 左右的山地。

秆供编织小型农用竹器，如筛、簸箕等。

水城玉山竹 *Yushania shuichengensis*

地下茎合轴型，秆柄细，长 8~20cm，直径 2.5~4mm，具 11~35 节，节间长 3~13mm，无毛，实心。秆散生，直立，高 1~2m，直径 0.5~1cm，节间长 8~28cm，圆筒形，但在分枝一侧基部扁平，绿色，光亮，无毛，幼时具紫色小斑点，节下有一圈白粉，秆壁厚 2~2.5mm，髓呈锯屑状；箨环隆起，紫色，无毛；秆环平或在分枝节上隆起；节内高 2~4mm。秆芽 1 枚，三角状长圆形，贴生，初时被白粉，具缘毛。枝条在秆每节上 3~8 枚，长 15~40cm，粗 1~2mm，具 5~8 节，节间长 0.3~8cm。箨鞘早落，三角状长圆形，革质，长度为节间长的 1/3~1/2，背面初时有紫色纵条纹，无斑块，无毛或有时下部疏生贴伏黄色刺毛，边缘上部初时生短纤毛；箨耳及鞘口繸毛俱缺；箨舌截平形，紫色，高不及 1mm，无缘毛；箨片线状披针形，外翻，长 0.6~2.5cm，宽 1~1.3mm，无毛。小枝具叶 1~4 枚；叶鞘长 2.7~5cm，无毛，纵脉纹及上部纵脊明显，无缘毛；叶耳缺失，鞘口两肩各具 4~7 枚长 3~5mm 直立淡紫色或灰色繸毛；叶舌高 1~1.2mm，弧形或近截平形，紫色，无毛；叶柄长 1~1.5mm，无毛；叶片线状披针形，无毛，长 4.5~12cm，宽 6~10mm，上面绿色，下面淡绿色，先端渐尖，基部楔形，次脉 3~4 对，小横脉组成长方形，边缘具小锯齿。笋期 9 月。

产于贵州水城县海拔 2 400m 的高原山坡。

牛、羊饲料及山区水土保持竹种。

玉山竹组 Sect. *Yushania*

秆矮小纤细；枝条在秆每节上仅为 1 枝，或在秆下部节为 1 枝而中部以上各节可多至 3~8 枝，枝直立或上升，通常与主秆近等粗；圆锥花序顶生。

我国产 32 种，贵州 8 种。

仁昌玉山竹 *Yushania chingii*

又名"秦氏玉山竹"。秆柄长 25~45cm，直径 3~4mm；节间长 3~15mm，实心。秆散生，直立或斜依，高 1~2.5m，粗 3~8mm；节间长 15~22cm，秆基部节间长 4~6cm，圆筒形或在分枝一侧的下部扁平，空腔极小或近于实心，表面通常微粗糙，无毛，幼时在节下方有一圈宽为 8~12mm 的白粉环，纵向细肋微明显；箨环微隆起；秆环平坦或在分枝之节隆起；节内长 5~10mm。秆芽长三角状卵形或卵形，近边缘粗糙，边缘密生黄褐色纤毛。秆之每节仅生一枝，枝与秆常作 35°~45° 之夹角开展，梢端下垂，其节间长度和直径与主秆者相近，幼时在节下方亦密被一圈白粉环。笋绿紫色或紫绿色，无毛，无白粉，边缘密生黄褐色小刺毛；箨鞘宿存，软骨质，坚硬，三角状长圆形，为节间长度的 1/4~1/3，背面无毛，纵肋在两面均不甚明显，边缘密生黄褐色小刺毛；箨耳镰形，紧贴抱秆，紫色，边缘具 3~5 条紫色或黄褐色弯曲的繸毛，其长为 5~8mm，呈放射状开展；箨舌截形，无毛，高不及 1mm；箨片线状披针形，外翻，无毛，边缘通常无小锯齿，上半部常内卷。小枝具 5~13 叶；叶鞘长 5.5~7cm，有时上部微被白粉，边缘密生黄褐色纤毛；叶耳椭圆形，紫色，边缘具 7~12 条紫色或黄褐色的繸毛，毛直立或弯曲，其长为 5~12mm；叶舌截形，无毛，高不及 1mm；叶柄长 3~7mm，有时微被白粉；叶片披针形，长（13）19~26cm，宽1~4cm，先端渐尖，基部楔形，下表面灰绿色，两面均无毛，次脉7~9对，再次脉7~9条，小横脉极清晰，叶缘小锯齿不甚明显或一侧显著而另一侧近于平滑。花枝未见。笋期7月。

产于广西西部和贵州南部，海拔1 420~1 500m，生于箐沟边坡地之方竹中。

显耳玉山竹 *Yushania auctiaurita*

秆柄长15~35cm，直径2~6mm，实心。秆散生，高1~2.5m，粗仅3~10mm，直立；节间长16~22cm，秆基部节间长8~10cm，圆筒形，但在分枝之一侧的基部微扁平，幼时有紫色斑点，无毛，在节下方有一圈厚白粉，平滑，秆壁厚1~3mm，髓在初时为环状；箨环隆起，初时有棕色向下之刺毛，常有箨鞘基部之残留物；秆环平坦或在分枝之节为肿起；节内长1.5~4mm。秆芽长圆状卵形，有白粉，边缘生白色纤毛。秆之下部各节1分枝，直立，上部各节则为3或4枝，斜展，直径1.5~4mm，在节下方有白粉环。笋淡绿色；箨鞘宿存，软骨质，长为其节间的1/3~2/5，先端圆形，背面密被黄褐色长刺毛，纵肋稍明显，边缘密生长纤毛；箨耳宽大，镰形，边缘具多条黄褐色弯曲的缝毛；其长为3~6mm，作放射状开展；箨舌近圆拱形，无毛，高约0.5mm；箨片在秆下部箨者外展，而上部箨者直立，长三角形或披针形，无毛边缘有小锯齿，内卷。末级小枝较粗壮，具3~8叶；叶鞘长3~6.5cm，无毛或位于小枝下部者有灰白色至黄褐色柔毛，近顶端微有白粉，纵肋及上部纵脊均明显，鞘上部有小横脉，边缘生黄褐色短纤毛；叶耳明显，镰形，紫色，边缘具数条黄褐色劲直或弯曲之缝毛，其长为2~7mm；叶舌近圆拱形，无毛，高约1mm；叶柄长1.5~5.5mm，背面有时具白粉；叶片披针形，干后常皱缩，长2~16cm，宽1~3cm，先端渐尖，基部广楔形或近圆形，下表面灰黑色，两面均无毛，次脉5~9对，小横脉清晰，形成正方格形，叶缘一侧有小锯齿，另一侧近于平滑。花枝未见。笋期7月。

产于贵州东南部（雷山县），生于海拔1 750m左右的杉木林或阔叶林下。

细弱玉山竹 *Yushania tenuicaulis*

地下茎合轴型，秆柄长15~35cm，直径2.5~3.5mm，节间长3~10mm，实心。秆散生，高1~1.5m，直径2.5~4mm，梢部斜依；节间圆柱形，长5~17cm，具细小紫色斑点，节下被一圈白粉，无毛，中空很小；箨环紫褐色，无毛，稍隆起；秆环平；节内高1~2mm。秆每节分枝1枚，直立，与主枝近等粗。秆紫色；箨鞘宿存，长为节间长度的1/3~1/2，革质，紫色，无毛或笋期被白色小硬毛，边缘被白色或褐色纤毛；箨耳微小，边缘具4~5枚长1~3mm脱落性缝毛；箨舌近截平形或圆弧形，紫色，高约0.5mm；箨片在秆下部者直立，上部者外翻，线状披针形，长0.5~1.2cm，宽1~2mm，初时紫色。小枝具4~5枚，紫色，平直，长1~4mm；叶舌紫色，截平形或近弧形，高约0.5mm；长10~15cm，宽1.2~1.5cm，先端渐尖，基部楔形，无毛，下面灰白色，次脉4~5对，小横脉组成长方形，边缘具小锯齿。笋期9月。

雷公山玉山竹 *Yushania uniramosa*

又名箭竹（贵州雷山）。地下茎合轴型，秆柄细长，长11~34cm，直径4~7mm，具17~39节，节上具有光泽的鳞叶，节间长2.5~11 mm，淡黄白色，无毛，光亮，实

— 61 —

心。秆直立，散生，高达 1.8m，直径 0.4~0.8cm，节间长 11~21cm，圆筒形，绿色，初时上部被糙硬毛，节下具一圈厚白粉，秆壁厚 1.5~2mm，髓圆层状；箨环淡紫色，隆起，无毛；秆环稍隆起，有光泽；节内高 2~3mm。秆芽 1 枚，卵形，贴生，初时密生缘毛。枝条在秆下部节上者 1 枚，上部者 3 枚，直立或斜展，长 30~45cm，直径 1.5~3.5mm，具 6~12 节，节下被 1 圈厚白粉。笋紫色，无毛，光亮；箨鞘宿存，长圆形，革质，接近节间长度 2/5~1/2，无毛，纵肋纹明显，边缘密被黄棕色纤毛；箨耳及鞘口繸毛俱缺；箨舌截平形，紫色，无毛，高 1~1.5mm；箨片外翻，线状披针形，长 0.5~2.2cm，宽 1~1.5mm，初时绿色，无毛，常内卷，全缘。小枝具叶 (3) 4~6 枚；叶鞘长 2.5~5cm，紫绿色，无毛，纵脉纹及上部纵脊明显，无缘毛；叶耳及鞘口两肩繸毛缺失；叶舌紫色，无毛，截平形，高约 1mm；叶柄长 2~4mm，初时紫色，无毛；叶片披针形或卵状披针形，纸质，上面绿色，下面灰白色，无毛，长 (3) 4~12cm，宽 (0.5) 1~1.9cm，先端渐尖，基部宽楔形，次脉 (3) 5~6 对，小横脉组成近正方形，边缘近于平滑或上部具小锯齿。花枝未见。笋期 8—9 月。

产于黔东南。

该竹种对广大雷公山山区湿地生态环境保护和防止石漠化方面起着非常重要的作用。

皱叶玉山竹 *Yushania rugosa*

秆散生，直立，高 1~2m，粗 5~8mm；秆柄长 20~40cm，直径 3~5mm，实心；节间长 12~18cm，秆基部节间长约 8cm，圆筒形或在分枝一侧的节间基部微扁平，无毛，幼时有紫色小斑点，节下方具宽约 5mm 的白粉环，纵向细肋不明显或微明显，秆壁厚 1.5~2.3mm，髓呈锯屑状；箨环微隆起，初时具棕色小刺毛；秆环微隆起，秆基 1 或 2 节有时可具数条气生根；节内长 3~8mm。秆芽长卵形，边缘具纤毛。秆每节仅 1 分枝，枝直立或上举，长 18~30cm，具 3~5 节，节间长 2~8cm，直径 3~6mm，与主秆近等粗，圆筒形，无毛，枝环隆起。笋紫红色，有白粉，基部及边缘具紫红色刺毛；箨鞘宿存，革质，三角状长圆形，背面的基部具稀疏棕紫色毛，上半部纵肋微明显，边缘具棕紫色刺毛；箨耳微小，紫色，边缘具 3~5 条弯曲的紫色纤毛，其长为 2~3mm，易脱落；箨舌下凹，高约 1mm；箨片披针形，外翻，基部较箨鞘顶端为窄，两面均无毛，边缘具微小锯齿。小枝具 5~9 叶；叶鞘长 5.5~8.5cm，初时上部有白粉，纵肋及上部纵脊均明显，小横脉在鞘上半部略明显，边缘常无纤毛；无叶耳，鞘口两肩各具 3~5 条淡黄色弯曲的纤毛，后者长 2~3mm，易脱落；叶舌截形，紫色，无毛，高 1~1.5mm；叶柄长 5~7mm，初时常被白粉；叶片长圆状披针形或卵状椭圆形，干后明显皱缩，无毛，长 9~20cm，宽 3~5cm，下表面灰绿色，先端渐尖，基部圆形或阔楔形，次脉 7~9 对，再次脉 6~8 条，小横脉很清晰，叶缘具小锯齿而粗糙。花枝未见。笋期 8 月。

产于贵州南部（望谟县），海拔 1 450~1 600m，生于山顶林下或林中空地。

单枝玉山竹 *Yushania uniramosa*

秆柄长 (15) 20~50cm，直径 (2) 3~5mm，实心。秆散生，直立或斜倚，高

0.6~1.6m，粗仅 3~5mm；节间长 8~15cm，秆基部节间长 6~7cm，圆筒形或在分枝一侧的基部微扁平，中空极小，表面无毛，幼时有紫色小斑点，节下方具宽为 3~4mm 的白粉环，无纵向细肋；箨环隆起，褐色，无毛；秆环平坦或在分枝节微隆起；节内长 3~5mm，有显著光泽。秆芽长卵形，淡黄白色，有光泽，近边缘处粗糙，边缘具黄褐色纤毛。枝条在秆之节上仅 1 枚，与秆作 30°夹角开展，枝梢下垂，长 10~30cm，直径 2~2.5mm，幼时节下方密被一圈白粉。笋深紫色，边缘生黄褐色纤毛；箨鞘宿存，软骨质，三角状长圆形，长为其节间长度的 1/2~2/3，无毛，纵肋不明显或微明显，边缘密生褐色纤毛，箨耳及鞘口繸毛俱缺；箨舌截形或下凹，无毛，高约 0.5mm；箨片狭披针形或锥形，外翻或位于秆基部箨者直立，无毛，边缘无小锯齿，常内卷。小枝具 6~11 叶；叶鞘长 5.5~9cm，纵向肋纹不明显，上部纵脊明显，边缘无纤毛或有时具灰色纤毛；叶耳及鞘口繸毛俱缺；叶舌下凹或截形，无毛，高约 0.5mm；叶柄长 2~4mm，扁平，无毛；叶片狭披针形，干后平直或稀可皱折，长 11~22cm，宽 1.5~2.6cm，先端渐尖，基部楔形，下表面灰绿色，两面均无毛，次脉 5~7 对，再次脉 7~9 条，小横脉清晰，叶缘具小锯齿而略粗糙。花枝未见。笋期 7 月。

产于贵州北部（遵义娄山关）、贵阳、望谟等地。生于海拔 1 300~1 600m 的上部至山顶部，大面积分布在石灰岩地区的黄壤土上，常组成灌丛林，形成一种特别的生态景观。

鄂西玉山竹 *Yushania confuse*

秆高 1~2m，粗 2~10mm，梢端直立；节间长 10~33cm，圆筒形或在分枝一侧的基部微扁平，无毛，幼时被白粉，具紫色小斑点，空腔很小；秆柄长 10~40cm，粗 2~7mm；节间长 4~13mm，实心。箨环隆起，无毛；秆环平坦或微隆起；节内长 3~5mm。秆芽卵状椭圆形或长椭圆形，芽鳞有光泽，边缘具纤毛。枝条在秆中下部各节为 1 或 2，在秆上部则通常为 3~5，直立或上举，直径 1~3mm，各枝还可再分枝。笋紫红色、紫色或紫绿色，被棕色刺毛；箨鞘宿存，革质，长三角形，被灰色至棕色刺毛（通常在箨鞘背面上部之中央无毛），边缘具刺毛；箨耳不存在，鞘口具数条长 1~2mm 黄褐色易落之繸毛；箨舌截形，无毛，高约 1mm；箨片线状披针形或线形，外翻，腹面基部被微毛，边缘具小锯齿，通常内卷。每小枝具 2~5 叶；叶鞘长 2~6.5cm，通常无毛，边缘具灰白色纤毛；无叶耳，鞘口两肩各具数条长 2~5mm 灰黄色繸毛；叶舌截形，高约 1mm，无毛；叶柄长 1~3mm，背面密生灰色或黄色短柔毛，稀无毛；叶片披针形，长 3~21.5cm，宽 6~21mm，先端渐尖，基部楔形，下表面灰绿色，在该面基部沿中脉有灰黄色短柔毛或微毛，次脉 4~6 对，小横脉清晰，叶缘一侧具小锯齿，另一侧近于平滑。圆锥花序位于具叶小枝顶端，开展，长 7~20cm，分枝细长，光滑无毛，腋间均有小瘤状腺体，通常在分枝处还具 1 片小形苞片（有时分裂为纤维状）；小穗柄纤细，开展或略上举，长 5~30mm；小穗含 2~6 朵小花，长 12~34mm，绿紫色或紫色；小穗轴节间长 3~5mm，扁平，具白色微毛，顶端膨大成碟状，边缘具灰白色纤毛；颖上部具微毛，先端渐尖，边缘生小纤毛，第一颖长 2.5~8mm，3~5 脉，第二颖长 6~9mm，5~7 脉；外稃长圆状披针形或卵状披针形，长 8~9mm，先端渐尖，背面有微毛，7~9 脉，边缘具短纤毛；内稃长 8mm，先端裂成 2 小尖头，背部具 2 脊，脊间 2 脉，脊上生纤毛；鳞被长1~1.5mm，膜质，脉纹不甚明显，上部边缘具纤毛，前方2片半卵状披针形，后方1片披针形；花药黄色，基部为箭镞形，长5~6mm；子房卵形，长约1mm，无毛，花柱长约0.6mm，柱头2，白色，羽毛状，长约2.5mm。果实未见。笋期6—9月，花期4—8月。

产于贵州北部。为玉山竹我国分布最广的一个种，常生于海拔1 000~2 300m的林下或林中空地。

秆可盖房屋及制作毛笔杆和竹筷。

窄叶玉山竹 *Yushania angustifolia*

秆柄长17~40cm，直径2.5~4mm，节间长4~10mm，实心。秆散生，高1.5~2m，直径0.5~0.7cm，梢头直立；节间圆筒形，长（6）16~22cm，无毛，具细小紫色斑点，节下被一圈白粉，中空很小；箨环紫褐色，无毛，稍隆起；秆环平；节内高1~2mm。秆芽1枚，贴生。枝条在秆下部每节上为1枚，中间1枚较粗壮。笋紫色；箨鞘宿存，长约为节间长度的1/3~2/5，背面密被棕色直出瘤基刺毛，边缘密生棕色纤毛；箨耳缺失，鞘口每侧具1~2枚长1~3mm早落之縫毛；箨舌紫色，近截平形，无毛，高0.5~1mm；箨片在秆下部者直立，上部者外翻，线状披针形，长0.3~2.5cm，宽1~2（3）mm，无毛，边缘有细锯齿。每小枝具叶4~6（8）枚；叶鞘无毛；叶耳不明显，鞘口两侧各具縫毛2~3枚，长0.3~0.8cm，直立，紫色；叶舌紫色，斜截形，高0.5~1mm；叶柄长1~2mm；叶片狭披针形，长10~13cm，宽0.6~1cm，先端渐尖，基部楔形，下面淡灰绿色，无毛，次脉3~4对，小横脉组成长方形，边缘具小锯齿。笋期9月。

产于贵州。

北美箭竹亚族 Subtrib. Arundinarinae

地下茎为单轴或复轴型；秆直立，小乔木状或灌木状竹类，节间圆筒形或在有分枝一侧的下部稍扁平，秆每节分枝1至数枚，以后则可增生为多枝或否，当仅具1主枝时，其直径较秆径细；叶片小型或中等，极罕可为大型。花序在叶枝顶生或侧生，当为侧生时，则连同花序在内的小枝长度并不超出它所着生的那条具叶枝，花序下方托附有一组逐渐增大的苞片或无此苞片而是正常的营养叶；雄蕊多为3枚，稀可达6枚。

模式属：北美箭竹属 *Arundinaria* Michx. 仅含1或2种，北美东南部特产

我国产7属132种9变种2变型。贵州产3属5种。

分属检索表

1. 秆每节分枝数枚，枝条直径较主秆细；叶片小型至中型，次脉较少，小横脉显著或否；花序顶生或侧生，如侧生时，其花序所在小枝长度不会超过它所着生的那一条具叶主枝；雄蕊3；秆节上所分出的枝条较长，并能再分出次级枝；末级小枝具叶较多。箨片直立或外翻，线形、披针形、三角形、线状披针形或带状，最宽在3mm以上；小穗基部外稃腋内无不发育的退化小花。

2. 秆箨环不木栓质肥厚，稍隆起；秆髓笛膜状；花序较长而疏散，生于具叶小枝顶端；雌花柱头 2 或 3 个 ················ 巴山木竹属 *Bashania* Keng f. et T. P. Yi

2. 秆箨环木栓质肥厚，显著隆起；秆髓锯屑状；花序较短，通常侧生；雌花柱头 3 个 ················ 苦竹属 *Pleioblastus* Nakai

1. 秆节上所分出的枝条大都较短，一般均不再分出次级枝；末级小枝仅具 1 或 2 叶（个别种可例外）················ 井冈寒竹属 *Gelidocalamus* Wen

巴山木竹属 *Bashania*

灌木状或小乔木状竹类。地下茎复轴型，秆散生兼小丛生，直立；竹鞭的节间实心或近于实心。秆高度中等，节间圆筒形或在秆中上部具分枝之一侧于节间下部常略扁平；秆壁厚，空腔小或近实心；髓为薄膜质或粉末状；秆环微隆起；箨环显著，具有箨鞘基部残留物或无；秆芽 1 枚，体扁，多为长卵形，起初生出 1~3 枝，以后则因主枝基部次级枝的发生而成为粗细不等的多枝；枝上举或稀可直立。箨鞘迟落或宿存，革质，鞘口及箨舌均为截形；箨耳无或不明显；箨片直立，平整或波曲。末级小枝具数叶；叶鞘具波曲的鞘口繸毛；叶舌发达；叶耳不明显；叶片质坚韧，大小有变化，先端常渐尖，基部楔形而两侧稍不对称，次脉甚明显，小横脉亦明显而颇密集。花序在具叶小枝上顶生，圆锥状或稀可总状；花序主轴及其分枝均生有毛茸，侧生小穗具短柄或几无柄；小穗细长圆柱形，含数朵乃至少数朵小花，顶生小花不孕而呈芒状；小穗轴脱节于颖上及诸小花之间，其节间均具毛茸；颖 2，不等大，先端具芒尖；外稃具 7 脉，并在脉间疏生小横脉，先端具芒状小尖头；内稃背部具 2 脊，先端具 2 裂齿，后者的尖头亦呈短芒状；鳞被 3，不等大，基部具脉纹，上缘生纤毛；雄蕊 3，花丝分离；子房卵圆形，花柱 2 或极短而不存在，柱头 2 或 3，羽毛状或试管刷状。颖果（或作囊果状）卵圆形，先端渐尖而稍弧弯，腹沟明显。笋期在初夏。花期在夏季。

本属现知已有 10 种，为我国四川盆地周围山区特产，多生于海拔 1 000m 以上。分布地点有陕西、甘肃、湖北、四川和云南等省。贵州 1 种。

分种检索表

1. 叶片短于 10cm；箨鞘背面无毛或具灰黄色刺毛；秆高 1m 以上；生于亚高山暗针叶林下；秆每节分枝数枚；地下茎每节上具根或瘤状凸起 2~5 枚；箨片外翻；总状花序具 3~5 枚小穗（若为圆锥花序则可含 8 或 9 枚小穗）；小穗长 2.5~4.5cm；外稃长 9~14mm；内稃长 7~12mm；花药长 5~6mm ················ ················ 冷箭竹 *B. faberi*（Rendle）Yi

冷箭竹 *Bashania faberi*

又名方氏箭竹、峨眉青篱竹 、麦秧子。秆高 0.5~3m，直径 3~10mm；节间长 15~20cm（秆基部长 2~5cm），初时微被白粉或仅在节下方被白粉，绿色，无毛，常有紫色斑点，老秆为黄绿色或黄色，常具黑垢，秆壁厚 1.5~3mm，髓初时呈层片状，以后层片消失而成粉末状；竹鞭的节间长 0.8~5.5cm，直径 3~8mm，圆筒形或在具芽或有分枝的一侧扁平，淡黄色，无毛，有光泽，空腔甚小，每节环生根条或瘤状凸起 2~5 枚。

箨环隆起，无毛；秆环平坦或微隆起，低于箨环；节内长 2~3mm。秆芽长卵形，紧贴秆节。分枝习性高，通常在秆的第四至第六节（亦即秆高 1/2 处）开始分枝，每节通常为 3 枝，或以后能成为多枝，枝与秆作 20°~30°的夹角斜展。笋紫红色或淡绿色而先端带紫红色，无毛，背部有紫色小斑点；箨鞘厚纸质，三角状长圆形，常较其节间为短，无毛，纵肋纹显著，小横脉稍可见，边缘生纤毛；箨耳微小或不存在，鞘口两侧初时有数条紫色缝毛，后易脱落；箨舌截形，绿色，高约 0.5mm；箨片外翻，绿色或先端带紫红色，无毛。末级小枝具 2~4 叶；叶鞘长 2~4cm，无毛，纵肋明显，边缘起初有纤毛；叶耳微小或无，鞘口两侧具数条波曲的缝毛，后者初时为紫色，后变为灰白色，长 5~7mm；叶舌截形，高约 0.5mm；叶片披针形，长 3~9cm，宽 4~14mm，纸质，两面均无毛，先端渐细尖，基部浑圆，次脉 3~5 对，小横脉明显，叶缘具小锯齿而粗糙；叶柄长 1~2mm，无毛。总状花序长 4~6cm，具小穗 3~5 枚，或有时为圆锥花序，长 10~13cm，此时则具 8 或 9 枚小穗，花序主轴及分枝均无毛；小穗柄直立，长 8~22mm，微扁，绿色，无毛，腋间具瘤枕；小穗紫红色，长 2~4cm，含 4~7 朵小花；小穗轴节间长 3~5mm，被灰白色或黄色绒毛，在中部以上毛尤密而较长，近内稃之一侧扁平；第一颖锥形或三角状卵形，长约 2mm，具 1 脉，无毛；第二颖卵状披针形或披针形，长 5~8mm，具 1 或 3 脉，先端长渐尖，除脊上有时疏生小硬毛外，余处无毛；外稃卵状披针形，长 9~14mm，具 7 脉，无毛或边缘的上部被纤毛，先端作芒针状；内稃长 7~12mm，背部在脊上生小纤毛，脊间具 1 脉，先端具 2 尖齿；鳞被中的前方 2 片较大，卵形，长 1~1.5mm，后方 1 片较窄，披针形，长约 1mm；花药紫红色，长 5~6mm，先端具 2 钝圆头，基部呈箭镞形；子房椭圆形，无毛，长约 1mm，花柱 1，但在上部可 2 裂，柱头 3，羽毛状，长 1~3mm。颖果为囊果状，长圆形，长 6~7mm，直径 1.5~2mm，紫褐色或褐色，先端具喙状的宿存花柱之基部，腹面微作弧弯，腹沟浅，果皮薄，易剥离，胚乳白色。笋期 5—8 月。花期 5—8 月，果期 7—10 月。

产江口（梵净山）、印江等地。大面积生于海拔 2 300~3 500m 的亚高山暗针叶林、明亮针叶林下，山地黄棕壤或棕色森林土，或在当风的山脊上常形成单纯冷箭竹林。

秆可用于覆盖茅屋，或作毛笔杆及算盘的桥杆。在四川，冷箭竹是大熊猫在自然保护区最主要的食用竹，同时也是山区水土保持的重要竹种。

苦竹属 *Pleioblastus*

灌木状或小乔木状竹类。地下茎单轴型或复轴型。秆散生或少数种类可密丛生，直立；节间圆筒形或在分枝一侧下部微扁平，节下常具白粉环，中空或稀近实心，髓笛膜状或棉花状；箨环木栓质隆起；秆环平至隆起。秆每节上枝条 3~7 枚，或秆上部节上可更多，无明显主枝，开展至直立。箨鞘早落、迟落或宿存，厚纸质至革质，背面基部常密被一圈毛茸，边缘具纤毛；箨耳和鞘口缝毛存在或缺失；箨舌截形至弧形；箨片锥形至披针形，基部向内收窄，常外翻。小枝具叶 3~5，少数种可多至 13 片；叶鞘口部具径直或波曲缝毛；叶片长圆状披针形或狭长披针形，小横脉组成长方形。圆锥花序具少数至多枚小穗，侧生或稀可顶生于叶枝上；小穗细长形或窄披针形，鲜绿色或紫色，有的被白粉，含小花数朵至多朵；小穗轴节间被微毛，顶端杯状，常具短缘毛；颖片2或5，先端尖锐，具缘毛；内稃背部2脊间具沟槽，先端钝，具缘毛；鳞被3，后方1片长约为前方2片的2倍；雄蕊3，花丝分离，花药锥形，黄色；花柱1，柱头2~3，羽毛状。颖果长圆形。笋期5—6月。花期在夏季。

我国产33种4变种2变型，分布较零星，以长江中下流域各地较多。贵州产2种。

本属笋味苦，大都不能食用。竹篾性一般较脆，不适宜编织，但秆通直而且秆壁较厚，可作伞柄、帐秆、支架、毛笔杆等用。

分种检索表

1. 箨鞘多少有些光泽，其背面通常无毛无粉，亦无蜡质，具紫色或棕色斑点，宛如涂油似的光泽，并在基部密被一圈下向刺毛；小穗具8~15朵小花 ………………………………………………………… 斑苦竹 *P. maculatus* (McClure) C. D. Chu et C. S. Chao

1. 箨鞘无光泽，多少有些被粉、被蜡质或在背面生微毛；箨环不作上述的球形膨大；笋期4—7月；箨舌边缘通常为截形，高1~2mm；秆高达4~5m；幼秆无毛，但被白粉，致使老秆上多少残留污垢色斑块；箨鞘无毛或背面微被刺毛…………………………………………………… 苦竹 *P. amarus* (Keng) Keng f.

斑苦竹 *Pleioblastus maculatus*

又名广西苦竹、光竹。地下茎复轴型。秆直立，高4~9（12）m，直径（1.5）3~6（7）cm，节间长30~40（86）cm。幼秆绿色，厚被脱落性白粉，箨环密具一圈棕色毛，节下方具直立近于向下的白色短纤毛，其余部分则光滑无毛，老秆黄绿色，被少量灰黑色粉垢；节间圆筒形，在分枝一侧的基部微凹；箨环与秆环均突出，近无毛；箨环残留有箨鞘基部的木栓质残留物；秆每节具3~5枝，枝与主秆成40°~50°的夹角。箨鞘棕红略带紫绿色，迟落，长为节间的3/4近革质，背部以有丰富油脂而具光泽，常具或密或稀的棕色小斑点，尤以箨鞘上部（或下部）为较密集，除箨鞘基部密具棕色倒向刺毛外，余处无毛，边缘全缘，无纤毛；箨耳无或呈点状、卵圆状、棕色，边缘有几条短而通直或曲折且易落的繸毛；箨舌深棕红色，低矮截形或微凹或凸出，顶端全缘，无纤毛。箨片绿带紫色，线状披针形，呈狭条状，外翻而下垂，基部略向内收窄，近基部为棕红色，被微毛，略粗糙，先端渐尖，两边缘具极稀疏的细齿，几全缘。末级小枝具3~5叶；叶鞘绿色，向边缘具极稀少的柔毛，一边具短细纤毛，另一边膜质无毛；无叶耳和繸毛；叶舌高1~2mm，背面具粗毛，顶端截形，边缘具短纤毛；叶柄长约4mm；叶片披针形，长8.8~18.5cm，宽13.4~29.0mm，先端长渐尖，基部宽楔形，上表面无毛，下表面近基部和主脉则具易脱落的短毛，次脉5~7对，叶缘两侧具细锯齿。圆锥花序常侧生于花枝各节；小穗具8~15朵小花；颖2，纸质，第一颖长约10mm，具11~13脉，先端稍钝，第二颖长约9.5mm，具11脉，先端具小尖头；外稃厚纸质，背部光亮无毛，但被少量白粉，长约8mm，宽约7.5mm，具7~10脉；内稃长8mm，成熟后可更长，2脊上具纤毛，脊间具4~6脉，背部有细毛，脊外至边缘各具2脉；鳞被3，大小近等，中间一片披针形，具10脉，侧面的2片卵状椭圆形，各具11~12脉，先端均具长纤毛；子房瓶状，长约8mm，花柱长约1.5mm；柱头3，羽毛状。果实椭圆形。笋期4月下旬至6月初。

产于瓮安等地。生于密丛林中或偏阴的山坡。

笋可食用，味稍苦，但有回甜味，因而鲜笋深受人们喜爱。秆作各种秆具或篱笆。幼秆被厚白粉，竹冠窄圆柱形，美观，为重要的观赏竹种。篾性一般，可破篾；可供农作物搭棚架。

苦竹 *Pleioblastus amarus*

又名伞柄竹。秆高3~5m，粗1.5~2cm，直立，秆壁厚约6mm，幼秆淡绿色，具白粉，老后渐转绿黄色，被灰白色粉斑；节间圆筒形，在分枝一侧的下部稍扁平，通常长27~29cm，节下方粉环明显；节内长约6mm；秆环隆起，高于箨环；箨环留有箨鞘基部木栓质的残留物，在幼秆的箨环还具一圈发达的棕紫褐色刺毛；秆每节具5~7枝，枝稍开展。箨鞘革质，绿色，被较厚白粉，上部边缘橙黄色至焦枯色，背部无毛或具棕红色或白色微细刺毛，易脱落，基部密生棕色刺毛，边缘密生金黄色纤毛；箨耳不明显或无，具数条直立的短繸毛，易脱落而变无繸毛；箨舌截形，高1~2mm，淡绿色，被厚的脱落性白粉，边缘具短纤毛；箨片狭长披针形，开展，易向内卷折，腹面无毛，背面有白色不明显短绒毛，边缘具锯齿。末级小枝具3或4叶；叶鞘无毛，呈干草黄色，具细纵肋；无叶耳和箨口繸毛；叶舌紫红色，高约2mm；叶片椭圆状披针形，长4~20cm，宽1.2~2.9cm，先端短渐尖，基部楔形或宽楔形，下表面淡绿色，生有白色绒毛，尤以基部为甚，次脉4~8对，小横脉清楚，叶缘两侧有细锯齿；叶柄长约2mm。总状花序或圆锥花序，具3~6小穗，侧生于主枝或小枝的下部各节，基部为1片苞片所包围，小穗柄被微毛；小穗含8~13朵小花，长4~7cm，绿色或绿黄色，被白粉；小穗轴节长4~5mm，一侧扁平，上部被白色微毛，下部无毛，为外稃所包围，顶端膨大呈杯状，边缘具短纤毛；颖3~5片，向上逐渐变大，第一颖可为鳞片状，先端渐尖或短尖，背部被微毛和白粉，第二颖较第一颖宽大，先端短尖，被毛和白粉，第三、第四、第五颖通常与外稃相似而稍小；外稃卵状披针形，长8~11mm，具9~11脉，有小横脉，顶端尖至具小尖头，无毛而被有较厚的白粉，上部边缘有极微细毛，因后者常脱落而变为无毛；内稃通常长于外稃，罕或与之等长，先端通常不分裂，被纤毛，脊上具较密的纤毛，脊间密被较厚白粉和微毛；鳞被3，卵形或倒卵形，后方一片形较窄，上部边缘具纤毛；花药淡黄色，长约5mm；子房狭窄，长约2mm，无毛，上部略呈三棱形；花柱短，柱头3，羽毛状。成熟果实未见。笋期6月，花期4—5月。

产于印江土家族苗族自治县等地。广泛栽培或原生于低海拔山坡地。

本种篾性一般，当地用以编篮筐，秆材还能作伞柄或菜园的支架以及旗杆、帐杆等用。

井冈寒竹属 *Gelidocalamus*

灌木状竹类。地下茎复轴型。秆直立；节间圆筒形，无纵沟槽；秆环在分枝一侧的另一面较隆起；箨环稍隆起，但较低；秆每节具1芽，分7~12枝，最多可达20余枝，枝纤细，彼此近同粗而长短不等，但均较短，仅具2~5节，通常不再分枝，或偶有可分次级枝者。箨鞘宿存性，远较其节间为短；箨耳微小或不存在，但亦有较显著者；箨舌低矮，拱形或近截形；箨片短锥状或狭披针形，直立或外翻。小枝的顶端通常仅具1

叶，稀可 2 叶或较多，当具 1 叶时，其叶鞘与小枝愈合，似无叶鞘，具 1 叶以上时，则叶鞘、叶舌、叶耳等或均可见到或否；叶片较宽短，披针形至广披针形或椭圆形，先端可急尖呈尾状延伸，小横脉明显，在叶片两面均可见到。圆锥花序大型，顶生于叶枝之上，花序的下部分枝近于平展；小穗形小，大都为淡绿色，具 3~5 朵小花；小穗柄纤细；小穗轴扁平，在颖上及诸小花间逐节断落；颖 2 片；外稃两侧扁，背部具脊；先端渐尖；内稃背部具 2 脊，先端截形，较外稃为长或等长；鳞被 3，卵状，无脉纹；雄蕊 3，花丝分离，花药饱满而较短，两端钝圆；柱头 2，羽毛状，或仅 1 柱头，扁而细长。颖果呈球形，先端具喙状尖头。出笋期多在冬秋两季。花期在初冬。

模式种：井冈寒竹 Gelidocalamus stellatus Wen，模式标本采自江西井冈山下庄。

我国特产，有 14 种，分布在浙江、江西、台湾、湖南、广西和贵州等省区的低山丘陵，常在林下成片生长。贵州产 2 种。

分种检索表

1. 秆箨箨耳缺失；小枝具叶仅 1 枚；秆高达 3m；箨鞘初时不为淡红色；叶片下面被毛；箨鞘背部具紫褐色方块状的斑纹；叶片宽 2~3.2cm ·······················
··················· 抽筒竹 *G. tessellatus* Wen et c. c. chang
1. 秆箨箨耳缺失；小枝具叶 2~4 枚；箨鞘背面疏生短刺毛，具椭圆形白斑 ······
····················· 亮秆竹 *G. annulatus* Wen

抽筒竹 *Gelidocalamus tessellatus* et c. c. chang

秆高 2~3m，直径 1cm 左右，幼秆绿带紫色，密被白色绒毛，尤以节下方为甚，老秆被有稀疏硬毛；节间长 20~48cm，最长可达 65cm，有中空，圆柱形，在分枝一侧的近基部扁平；秆环稍隆起；节内长 4~7m；秆每节分 3~12 枝，枝均纤细，具 2 或 3 节，不再分枝，枝箨近宿存。秆箨宿存；箨鞘革质，背部疏生短刺毛，近基部处还被淡黄色绒毛，并有紫褐色方形小块斑，边缘具纤毛，先端有白色绒毛；无箨耳，偶有少数条直立的继毛；箨舌低拱形，表面被细柔毛，先端有纤毛；箨片锥状，具尖锐头。每枝仅具一叶；叶片阔披针形，长 19~23cm，宽 20~32mm，基部钝圆或渐尖，左右不对称，先端急尖延伸，两边缘均光滑或有一边缘具锯齿，次脉 7 对，下表面粉绿色，中脉两边具细毛，近基部处尤甚，两面均可见小横脉。大型圆锥花序顶生，长 13~20cm，花序下部分枝平展；小穗绿色，长 6~10mm，具 3~5 朵小花；小穗柄长 5~7mm，纤细；小穗轴被细柔毛；颖 2，第一颖长 2mm，仅具 1 中脉，第二颖长 4mm，具 5 脉；外稃长 4mm，具 7 脉；内稃与外稃等长，背部具 2 脊，无脉；鳞被卵状，无脉纹；花柱 2。笋期 7—10 月。

产于贵州荔波低海拔山地，多生于林下。

笋味可口，竹材可作竹器或编篱之用。

亮秆竹 *Gelidocalamus annulatus*

秆高 1~2.5m，粗 1~1.5cm，幼秆被细柔毛与疣点；节间略有屈曲，长 20~30cm，分枝一侧基部略扁；秆环隆起；箨环亦隆起，有箨鞘基部之残留物，无毛；节内长

4mm，光亮无毛；秆每节分7枝或更多，枝长8~17cm，具2~4节，通常不再分枝，偶可见次级分枝。秆箨革质，远较节间为短，基部作指环状隆起2~3mm；箨鞘背部疏生脱落性短刺毛与椭圆形白斑，边缘光滑无毛，先端急尖；无箨耳；箨舌截形，粗糙，高1mm，先端生短纤毛；箨片直立，呈狭锥状。小枝具1或2叶；叶鞘长6~7cm，初疏生金黄色刺毛，边缘生黄色长纤毛；叶耳无或微弱，繸毛少数条，直立；叶舌截形，高1mm，粗糙；叶柄长3~4mm，无毛；叶片广披针形至长圆形，长16~27cm，宽17~35mm，基部钝圆，两边不对称，先端渐尖，呈尾状延伸，下表面无毛或在中脉基部具粗毛，次脉5或6对，小横脉清晰。

产于贵州赤水。

赤竹亚族 Subtrib. SASINAE

灌木状竹类。地下茎单轴或复轴型，具真鞭。秆直立，大都呈灌木状，秆中下部各节通常仅生1枝，其直径几与主秆同粗（异枝竹属 Matasasa 例外）。叶片大型，宽可逾2.5cm，次脉数多，小横脉显著。花序着生在叶枝或根出萌生条的顶端，如位于侧生的情况，则常超出它所着生的那一枝条；鳞被3；雄蕊6或3；花柱或柱头多为2枚。颖果。

我国产铁竹属 Ferrocalamus、箬竹属 Indocalamus、赤竹属 Sasa，3属51种5变种2变型。贵州产赤竹属1种和箬竹属8种1变种。

分属检索表

1. 雄蕊6枚；秆通常斜向上升，每节上枝条单生；叶鞘肩毛与秆成近直角展开，全部粗糙 ·························· 赤竹属 Sasa Makino et Shibata

1. 雄蕊3；秆较矮，通常高1~2m，直径1cm以内，或多或少可达1.5cm；主枝的基部无明显缩短的节间，枝与秆夹有一定的开角而倾斜上举，不与秆并立；秆壁维管束为开放型；颖果形细瘦或为纺锤形，果皮质薄，不为肉质 ···············
·························· 箬竹属 Indocalamus Nakai

赤竹属 Sasa

小型灌木状竹类。地下茎复轴型；秆高多在2m以下，通常高1m左右；节间圆筒形，无沟槽，光滑无毛或少数种类可在节下具疏短毛，华箬竹亚属 Subgen. Sasamorpha 全株多少有白粉；秆壁较厚；秆节隆起（赤竹亚属 Subgen. Sasa）或平坦（华箬竹亚属）；秆每节仅分1枝，枝粗壮，并常可与主秆同粗。秆箨宿存，质地厚硬，牛皮纸质或近于革质，短于节间（赤竹亚属）或长于节间（华箬竹亚属）；箨耳及繸毛可存在或否；箨片披针形。叶片通常大型，带状披针形或宽椭圆形，厚纸质或薄革质，以3~5叶或更多叶集生于枝顶，叶柄短。圆锥花序排列疏散，或简化为总状花序，整个花序通常有10余枚小穗，甚至有可超过30枚小穗者，花序轴在分枝基部常可具1或2小型苞片；小穗柄较长，花序轴及小穗柄常可具毛，华箬竹亚属所具的毛茸较长并可兼具白粉；小穗成熟后呈紫红色、含4~8朵小花；颖2，质厚，多少具毛，边缘有长睫毛；外稃近革质，卵形或长圆披针形，先端具短芒或为一小尖头；内稃纸质，等长或稍长于外稃；背部具2脊；鳞被3，卵形，膜质透明，边缘具纤毛；雄蕊6，花丝细长，花药线状、黄色，2室纵裂开；花柱1，较短，柱头3，羽状。颖果较小，成熟后深褐色。

我国产15种。分布限于长江流域及其以南地区，大多数种类生长在海拔较高的山地。多数是优美的地被竹种和观赏竹种。本属种类秆矮小细瘦，可用做毛笔、圆珠笔杆和竹筷之用。叶片大型，可作包装填料用，亦可包裹粽子。某些种类栽于公园或庭院内，也可做成盆景供观赏。

贵州产1种。

分种检索表

1. 秆节间无白粉，或仅节下方被白粉，秆环隆起；箨鞘短于节间，箨耳存在或无箨耳；主枝较开展，与秆就夹角在20°以上；植株较高大，高达1~1.5m；叶片通常为大型，叶片长达20cm以上；叶舌高达4~15mm；箨环和节下方均密生向下的宿存性棕色长硬毛；叶耳和鞘口缝毛俱缺。秆环极隆起；秆不作"之"字形曲折；箨片外翻 ·· 赤竹 *S. longiligulata* McClure

赤竹 *Sasa longiligulata*

又名蒲竹。地下茎复轴型。秆散生间小丛生，直立，高1~2m或稍高，直径5~10mm；节间圆筒形，长8~10cm，幼秆具疣毛，老熟后则毛脱落，唯节下方可有较密宿存的向下刺毛；秆环极为隆起；节内长可达0.5cm；箨环明显，具密集向下的棕色刺毛；分枝较开展（与秆的夹角大多在200°以上），次级枝每节仅为1枝。箨鞘疏松包秆，短于节间，幼时带紫红色，干后呈锈色至草黄色，厚纸质或近于薄革质，背部具小点而粗糙，外缘具棕色纤毛；箨耳及鞘口缝毛俱缺；箨舌较长，秆中部以上箨者可达5mm，背部被短毛而粗糙，边缘波曲而生有纤毛；箨片短，直立，向上渐长，呈三角形及至披针形，边缘粗糙或具极短之粗纤毛。叶3~15片集生于枝顶；叶鞘光滑无毛或具极少量小毛；叶耳及鞘口缝毛均无；叶舌极发达，高可达10~15mm，厚膜质或纸质，下部厚硬，顶部截形，干后脆而易于折断；叶柄较长，无毛或仅上面具少量短毛；叶片纸质或较厚，披针形，长6~25cm，宽1.5~3.5cm，顶端渐尖，基部不对称，上表面深绿色而具光泽，无毛或沿中脉的中下部具粗毛，下表面粉绿色，无毛。笋期4—5月。花期3月。

箬竹属 *Indocalamus*

灌木状或小灌木状类。地下茎复轴型；秆的节间呈圆筒形。秆箨宿存性；箨鞘较长于或短于节间，有毛或无毛；箨耳存在或缺如；箨舌一般低矮，稀可高至3mm左右；秆每节仅生1枝，其直径通常与主秆相若，有时秆上部的分枝则每节可至2~3枝。叶鞘宿存；叶片通常大型，具有多条次脉及小横脉，干后平展或波状曲皱，稀可在背面中脉之两侧皆有一行毛茸。花序呈总状或圆锥状，着生于叶枝下方各节的小枝顶端，花序分枝紧密或疏松而展开；小穗含数朵乃至多朵小花，疏松排列于小穗轴上；颖 2~3，卵形或披针形，先端渐尖或呈尾状；外稃几为革质，呈长圆形或披针形，具数条纵脉，稀可还具小横脉，无毛或被微毛，基盘密生绒毛；内稃稍短于外稃，稀可等长，通常先端具二齿或为一凹头，背部具 2 脊，脊或脊间两者之上端生有稀疏微毛；鳞被 3；雄蕊 3，花丝互相分离；子房无毛，花柱 2 枚（但在鄂西箬竹 I. wilsoni 中有时为 3 枚，唯其中 1 枚纤细而较短小），互相分离或基部稍连合，上部有呈羽毛状之柱头。颖果。笋期常为春夏，稀为秋季。

我国产 34 种、5 变种、2 变型，主要分布于长江以南各省区。秆细小，直立，叶大，小枝具数叶，密集生长，颇具观赏价值。本属竹种以叶片宽大可用来裹粽子，使之有特殊清香味。此外，还有药用价值。据我国医药书籍记载，其味甘性寒，有清热止血、解毒消肿之效。现代药理分析发现，在箬竹叶中除含大量的维生素 C、氨基酸、叶绿素和矿物质之外，还含箬叶多糖，它具有杀菌、防腐、抗癌的功效。

贵州产 8 种 1 变种。

分种检索表

1. 叶片干后呈波状起伏式的皱缩；叶片基部不为心形至截状；秆高 0.3~0.8m，节间无毛；箨鞘无毛，无箨耳；枝箨干时呈橙红色；叶舌高 1~8mm ……………
…………………… **鄂西箬竹 I. wilsoni** (Rendle) C. S. Chao et C. D. Chu
1. 叶片干后仍平整，不呈波状起伏式皱缩；秆高在 90cm 以上；叶片宽 2~10.4cm（粽巴箬竹 I. herklotsii 例外，稀可仅宽 1cm），次脉多在 6 对以上；花序为多枝的大型圆锥花序。
   2. 秆中部箨上的箨片为广三角形、长三角形或卵状披针形，直立而紧贴秆，基部向内收窄成为近圆弧形或近截平的圆形。
      3. 箨片长三角形至卵状披针形，基部为近圆弧形。箨耳存在；箨耳宽大，镰形；叶片下面灰白色 …………………… **箬叶竹 I. longiauritus** Hand. -Mazz.
      3. 箨片广三角形或卵状披针形，基部为近截平的圆形；箨耳发达，呈镰形；箨鞘背部被贴伏的黑褐色疣基刺毛，鞘基部则无长硬毛 ………………………
      …………………… **广东箬竹 I. guangdongensis** H. R. Zhao et Y. L. Yang
   2. 秆中部箨上的箨片为窄披针形、线状披针形或狭三角状锥形，基部不向内收窄。
      4. 秆箨在秆节间上向下逐渐膨大，并密被向下白色瘤基柔毛，箨耳缺失 ……
      …………………… **赤水箬竹 I. chishuiensis** Y. L. Yang et Hsueh
      4. 秆箨在秆节间上不向下膨大；秆节间中空；植株不被白粉，以后无粉垢。
         5. 箨耳不存在或稀可微弱发达；箨鞘的上部包秆较宽松，因而肿起，近革质；叶片下面被微毛，小横脉明显；圆锥花序排列疏松，长达 18cm 状或方格状。表面密被微毛或无毛 …… **阔叶箬竹 I. latifolius** (Keng) McClure
         5. 箨耳发达，呈镰形；箨鞘背面无斑点；叶片基部呈圆形或稀可为楔形；叶片的小横脉组成长方格状或方格状。

6. 叶片的小横脉组成长方格状，下表面密被微毛或无毛。

    7. 叶片下面被柔毛 ···

        多毛箬竹 *I. hirsutissimus* Z. P. Wang et P. X. Zhang

    7. 叶片下面无毛或几无毛 ······ **光叶箬竹** *I. hirsutissimus* Z. P. Wang et

    P. X. Zhang var. *glabrifolius* Z. P. Wang et N. X. Ma

6. 叶片的小横脉组成正方格状。

    8. 箨鞘新鲜时为绿色带紫色；箨舌高 2~2.5mm，边缘具长为 1~1.6cm
的繸毛····················· **方脉箬竹** *I. quadratus* H. R. Zhao et Y. L. Yang

    8. 箨鞘新鲜时为赤褐色；箨舌高约 1mm，边缘无繸毛；箨耳显著，呈
长镰形而且抱秆，其长为 1~1.5cm，宽 3mm，边缘具长为 1.5mm 的
纤毛，呈流苏状 ·················· **湖南箬竹** *I. hunanensis* B. M. Yang

鄂西箬竹 *Indocalamus wilsoni*

又名威氏箭竹。竹鞭节间长 2~5m，直径 3~4mm，淡黄色，无毛中空，每节生根
或瘤状突起 1~4。秆高 0.3~1.5cm，直径 1.2~4mm，节间长 8~20，圆筒形，但分枝一
侧基部微扁平，幼时微被白粉，中空小，秆壁厚；箨环平，秆环亦平或稍隆起。箨鞘紧
抱秆，长约为节间之半，淡棕红色或稻草色，厚纸质，背部密生易脱落的白色绒毛，纵
脉清晰，有时可见明显的小横脉，近外缘处密生纤毛或脱落为无毛；箨耳无；箨舌短，
高约 0.6mm；箨片微小，长卵状披针形或长三角形，基部稍收缩，先端尖锐，长 2~
15mm；枝箨干后呈橙红色，背面无毛，枝箨的箨舌高 1.5~4mm，箨片披针形或窄卵状
披针形，长 2.5~4cm。每枝条之顶端生有 3 叶，稀 4 或 5 叶；叶鞘黄绿色稍带红，无毛
或有白色柔毛；叶耳及鞘口繸毛均缺如；叶舌发达，高达 2.5~9mm；叶片长椭圆状披
针形，长 6~17cm，宽 1.5~4.7cm，干燥后常作波状曲皱，先端渐尖成一细长之尖头，
基部呈圆形或宽楔形，收缩成叶柄，上表面黄绿色，无毛，下表面灰绿色，有疏毛，次
脉 4~8 对，在叶两面均甚明显，小横脉作方格状密集。圆锥花序长 5~10cm，其基部为
叶鞘所包裹，花序分枝纤细，斜升，无毛，腋间有瘤枕；小穗常带紫色，含 3~7 朵小
花，长 1.5~2.6cm；小穗轴节间长约 4mm，密被黄白色绒毛；颖通常 2 片，无毛，第
一颖长 2~3mm，具明显或不明显的 3 脉，第二颖长 3~5mm，具明显或不明显的 5~7
脉；外稃先端渐尖呈短芒尖，具 7~9 脉，被微毛，其基盘密生白色绒毛；内稃长 6~
7.2mm，被微毛；花药黄色；花柱多为 2 枚，稀有 3 枚（唯其中 1 枚较细）；柱头呈羽
毛状。果实未见。花期 8—9 月。笋期 7 月。

产贵州东北部（江口梵净山）。本种在海拔 1 500~2 400m 的山顶，常单独形成面
积较大而密集生长的竹丛地被，景观独特，不但能保持水土，还具有很高的观赏价值。
也见于针叶林或阔叶林下。

箬叶竹 *Indocalamus longiauritus*

又名长耳箬。秆直立，高 0.84~1m，基部直径 3.5~8mm；节间长 8~55cm，暗绿
色有白毛，节下方有一圈淡棕带红色并贴秆而生的毛环，秆壁厚 1.5~2mm；秆节较平
坦；秆环较箨环略高；秆每节分 1 枝，唯上部则有时为 1~3 枝，枝上举。箨鞘厚革质，

绿色带紫, 内缘贴秆, 外缘松弛, 基部具宿存木栓状隆起环, 或具一圈棕色长硬毛, 背部被褐色伏贴的疣基刺毛或无刺毛, 有时有白色微毛; 箨耳大, 镰形, 长 3~55mm, 宽 1~6mm, 绿色带紫, 干时棕色, 有放射状伸展的淡棕色长缝毛, 其长约 1cm; 箨舌高 0.5~1mm, 截形, 边缘有长为 0.3~3mm 的流苏状缝毛或无缝毛; 箨片长三角形至卵状披针形, 直立, 绿色带紫, 先端渐尖, 基部收缩, 近圆形。叶鞘坚硬, 无毛或幼时背部贴生棕色小刺毛, 外缘生纤毛; 叶耳镰形, 边缘有棕色放射状伸展的缝毛; 叶舌截形, 高 1~1.5mm, 背部有微毛, 边缘生粗硬缝毛; 叶片大型, 长 10~35.5cm, 宽 1.5~6.5cm, 先端长尖, 基部楔形, 下表面无毛或有微毛, 次脉 5~12 对, 小横脉形成长方格形, 叶缘粗糙。圆锥花序形细长, 长 8~15.5cm, 花序轴密生白毛毡毛; 小穗长 1.5~3.7cm, 淡绿色或成熟时为枯草色, 含 4~6 朵小花; 小穗轴节间长 6.8~7.2mm, 呈扁棒状, 有纵棱, 密被白色绒毛, 顶端截平; 颖 2, 先端渐尖成芒状, 第一颖长 3~5mm (包括芒尖长 1mm 在内), 3~5 脉, 第二颖长 6~8mm (包括芒尖长 1.2mm 在内), 7~9 脉; 外稃长圆形兼披针形, 先端有芒状小尖头, 第一外稃长 10~14mm (包括芒尖长 2~2.5mm 及基盘长 0.2~0.5mm), 11~13 脉; 第一内稃长 7~10mm; 脊上生有纤毛; 花药长约 5mm; 柱头 2, 羽毛状。颖果长椭圆形。花期 5—7 月, 笋期 4—5 月。

产于都匀、罗甸等地。生于山坡和路旁。

秆通直, 可作毛笔杆或竹筷; 叶片可制斗笠、船篷等防雨用品的衬垫材料。

广东箬竹 Indocalamus guangdongensis

秆直立, 高 1.5~3.5m, 粗 9~15mm; 节间长 28~62cm, 幼时黄绿色或紫色, 被有中度白粉和白色伏贴的短绒毛; 节下方有淡褐色贴生的微毛; 秆壁厚约 0.4mm; 节较平坦, 秆环较箨环略高。秆箨宿存, 箨鞘厚革质, 短于节间, 绿色带紫色, 背部被浓厚的白粉和黑褐色伏贴疣基刺毛, 基部还有栓质环, 顶端与箨片基部同宽; 箨耳镰形, 棕色, 边缘具放射状伸展的缝毛; 箨舌高 0.5~1mm, 截形, 背部密被微毛; 箨片较宽而抱秆, 基部近截形, 先端急尖。小枝具 2~7 叶; 叶鞘有肋纹, 背部被白色伏贴微毛; 无叶耳及鞘口缝毛; 叶舌高 1~2.5mm, 边缘生长缝毛; 叶片宽披针形, 长 3.5~56cm, 宽 4~10.5cm, 先端尾尖, 基部楔形, 上表面无毛, 下表面被白色伏贴微毛, 中脉的一侧则无毛, 次脉 8~15 对, 小横脉形成长方格形。花序未见。笋期 4—5 月。

产于贵州湄潭等地。生于山坡和山沟等地。

赤水箬竹 Indocalamus chishuiensis

高约 1m, 直径 3~5mm; 节间长 5~15cm, 被白色脱落性微毛, 节下被直出白色毛, 基部疣状膨大; 秆每节上枝条 1 枚, 稀在秆上部 2 枚。箨鞘宿存, 短于节间, 向下逐渐膨大, 密被上部下向瘤基柔毛; 无箨耳, 稀具鞘口缝毛 1~3; 箨舌高 0.2~0.5mm, 背面被柔毛; 箨片直立或外翻, 线状披针形。每小枝具叶 4~8; 叶鞘被白色下向瘤基柔毛或有时脱落; 叶耳无, 稀具 1~2 枚缝毛; 叶片长 13~18cm, 宽 2~3, 下面灰绿色, 稍具乳突, 次脉 6~7 对, 具小横脉。笋期 9—10 月。

产于贵州赤水。生于海拔 1 300m 左右的坡地或平缓地。

阔叶箬竹 Indocalamus latifolius

又名寮竹、箬竹、壳箬竹。秆高可达 2m，直径 0.5~1.5cm；节间长 5~22cm，被微毛，尤以节下方为甚；秆环略高，箨环平；秆每节每 1 枝，唯秆上部稀可分 2 或 3 枝，枝直立或微上举。箨鞘硬纸质或纸质，下部秆箨者紧抱秆，而上部者则较疏松抱秆，背部常具棕色疣基小刺毛或白色的细柔毛，以后毛易脱落，边缘具棕色纤毛；箨耳无或稀可不明显，疏生粗糙短繸毛；箨舌截形，高 0.5~2mm，先端无毛或有时具短繸毛而呈流苏状；箨片直立，线形或狭披针形。叶鞘无毛，先端稀具极小微毛，质厚，坚硬，边缘无纤毛；叶舌截形，高 1~3mm，先端无毛或稀具繸毛；叶耳无；叶片长圆状披针形，先端渐尖，长 10~45cm，宽 2~9cm，下表面灰白色或灰白绿色，多少生有微毛，次脉 6~13 对，小横脉明显，形成近方格形，叶缘生有小刺毛。圆锥花序长 6~20cm，其基部为叶鞘所包裹，花序分枝上升或直立，一如花序主轴密生微毛；小穗常带紫色，几呈圆柱形，长 2.5~7cm，含 5~9 朵小花；小穗轴节间长 4~9mm，密被白色柔毛；颖通常质薄，具微毛或无毛，但上部和边缘生有绒毛，第一颖长 5~10mm，具不明显的 5~7 脉，第二颖长 8~13mm，具 7~9 脉；外稃先端渐尖呈芒状，具 11~13 脉，脉间小横脉明显，具微毛或近于无毛，第一外稃长 13~15mm，基盘密生白色长约 1mm 柔毛；内稃长 5~10mm，脊间贴生小微毛，近顶端生有小纤毛；鳞被长 2~3mm；花药紫色或黄带紫色，长 4~6mm；柱头 2，羽毛状。果实未见。笋期 4—5 月。

产于江口梵净山，生于山坡、山谷、疏林下。

秆宜作毛笔杆或竹筷，叶片巨大者可作斗笠，以及船篷等防雨工具，也可用来包裹粽子。植株密集，叶大，美观，常培植于庭院供观赏。

多毛箬竹 Indocalamus hirsutissimus

秆高约 3m，直径 1~2cm；节间圆柱形，长达 40cm；起初为绿色（唯包在箨鞘内的部分为橙黄色），密被暗褐色的疣基刺毛及白色柔毛，在节下方尤为密集，最后除节间顶端外均变为无毛而具疣基和刺毛的凹痕，髓呈海绵状；节强烈隆起；秆环呈脊状；箨环微隆起，无毛。箨鞘革质，长为节间之半，橙黄色，背部密被暗褐色的疣基刺毛，基底具棕黄色柔毛，外缘生有暗褐色纤毛，内缘则无毛；箨耳大，外翻、半圆形，边缘饰以 1 行放射状伸展的劲直繸毛，其长达 2cm；箨舌拱形或截形，偏斜，高 2~3mm，边缘撕裂状，饰以长 1cm 以上的繸毛；背部被暗褐色柔毛；箨片披针形，外翻、脱落性，腹面向基部密生淡黄色微刺毛，背面无毛。小枝具 2~11 叶；叶鞘宿存，具柔毛及刺毛；叶耳及鞘口繸毛与秆箨的相似；叶舌高 2~12mm；叶片长 15~28cm，宽 1.5~2.5cm，上表面无毛，下表面全部被柔毛，次脉 5~9 对，小横脉稀疏，花序未见。笋期 5—6 月。

产于贵州望谟。海拔约 600m 的森林中。

光叶箬竹 Indocalamus hirsutissimus var. glabrifolius

光叶箬竹是多毛箬竹变种，不同处在于光叶箬竹叶片下表面无毛或几无毛，而多毛箬竹则是全部被柔毛的。

产于贵州册亨、雷山等地，生于海拔约 600m 的森林中。

方脉箬竹 *Indocalamus quadratus*

秆高约 3m，直径 8~11mm；节间长 22~26cm，有污粉；幼时密生伏贴褐色疣基刺毛；秆环微隆起；节内长 5~8mm；箨鞘在秆下部者短于节间，绿色微带紫，干后深稻草色，密被褐紫色向上疣基刺毛，无斑点，边缘密生棕色纤毛；箨耳大，镰形，长约 1.5cm，宽 1.3~3mm，褐色，有放射状伸展的淡黄色弯曲缝毛，其长可达 2cm；箨舌截形至微拱形，高 2~2.5mm，褐紫色，边缘生长 12~16mm 或更长的棕色缝毛；箨片直立或外翻，绿色，窄长三角形，基部不向内收窄。小枝具 6 或 7 叶；叶鞘背面幼时贴生褐棕色向上的疣基刺毛，老时脱落变为无毛，边缘密生褐棕色长纤毛；叶耳大，镰形，棕紫色，长约 12mm，宽约 2mm，边缘生放射状伸展长约 14mm 的缝毛；叶舌高约 2mm，截形，褐紫色，边缘有淡棕色长缝毛；叶片卵状披针形或长圆状披针形，长 8.5~24.5cm，宽 5.6~7.2cm，先端渐尖，基部圆形或稀可为楔形，下表面灰白色；次脉 10~13 对，小横脉形成方格状。花序未充分成熟。笋期 5 月。

湖南箬竹 *Indocalamus hunanensis*

又名具耳箬竹、巫溪箬竹。秆高约 1.8m，直径 4~8mm；节间长 20~26.7cm，圆筒形，黄绿色，有细纵肋，被以伏贴黄棕色或棕色的疣基刺毛及白色短柔毛，尤以幼秆的节下方最密，老秆仍留存疣基刺毛脱落后的疣基，秆壁厚 2~3mm；秆环不明显；箨环显著，常有一圈木栓状残留物。箨鞘坚硬而质脆，鲜时赤褐色，长为节间的 1/3~2/3，背部被有白色微毛，除上部 1/4 部分外，并在以下的大部分贴生有黄棕色或棕色疣基刺毛，边缘具褐色纤毛；箨耳高度发达，镰形，抱秆或螺旋状扭曲，紫色，干后黑紫色，长 1~1.5cm，宽 3mm，上缘生有长达 1.5cm 的黄褐色流苏状缝毛；箨舌极短，高约 1mm，略拱形，顶端全缘或浅细裂，无毛或有极短的纤毛；箨片直立，或秆下部者可外翻，线状披针形，绿色或略带黄色，两面小横脉明显，边缘粗糙，基部不收缩。小枝具 3~5 叶，下部的叶鞘常无叶片，其质地和被毛情况则均与秆鞘相同，上部具正常叶片的叶鞘近光滑，无疣基刺毛，或仅具白色微毛，边缘亦无纤毛；叶耳微小或不发达；鞘口缝毛少量，长约 1cm，接近顶部的叶鞘则鞘口常无缝毛；叶舌略呈拱形，高约 1.5mm，顶端全缘，无纤毛；叶片长圆状披针形，长 10~28cm，宽 4.5~7.5cm，两面均无毛，但有苍白色乳突状微点，次脉 9~13 对，小横脉显著，形成近于小方格状，叶缘粗糙，先端渐尖，基部圆形或阔楔形，收缩成长约 1.5cm 的叶柄。花序未见。笋期 6—8 月。

产于贵州江口梵净山。生于山沟边及山坡上。